SONJA PFAFF

OHNE LEINE UNTERWEGS

Wie man mit seinem Hund im Freilauf eng verbunden bleibt

KOSMOS

INHALT

OHNE LEINE GEMEINSAM DRAUSSEN

Gemeinsam ohne Leine zu gehen, schenkt meinen Hunden, aber auch mir, eine große Portion Glück und ist ein wichtiger Aspekt für die psychische und physische Gesundheit von uns allen.

Zu diesem Buch

Hunde haben die gleichen Gefühle wie wir. Warum sollten wir sie dann, unter Berücksichtigung ihrer kognitiven Fähigkeiten, anders behandeln?

Der Wunsch nach einem Spaziergang mit seinem Hund ohne Leine ist bei vielen Menschen groß. Der Wunsch, dennoch mit seinem Hund verbunden und nicht nur ein lästiges Anhängsel für ihn zu sein, meist ebenfalls. Denn was nützt es, wenn der Hund zwar ohne Leine unterwegs ist, aber für seinen Menschen nicht mehr erreichbar, weder körperlich noch mental. Bei einem Abstand von zwei Metern verfällt man dabei zwar noch nicht in Panik, unangenehm ist dieser Zustand dennoch. Ganz zu schweigen, wenn der Hund sich unkontrolliert mehrere hundert Meter oder sogar ganz außer Sichtweite entfernt. Manches ist durchaus abhängig vom richtigen Handling in der Situation.

– Wie aber gelingt es, dass der Hund im Freilauf, ganz ohne Zwang oder Angst, gemeinsam mit seinem Menschen spazieren geht?
– Was ist wichtig für einen entspannten Spaziergang?
– Wie gestalte ich den Spaziergang am besten?
– Wie erarbeite ich, dass der Hund mir mehr Aufmerksamkeit schenkt, wenn wir gemeinsam unterwegs sind?
– Wie verhalte ich mich in Situationen, in denen es meinem Hund schwerfällt, mir seine Aufmerksamkeit zu schenken?

Es macht zweifelsohne Sinn, unserem Hund gewisse Dinge anzutrainieren, damit wir in unserer zivilisierten Umgebung gut mit ihm und auch den Mitmenschen zurechtkommen. Wobei wenige Kommandos ausreichend sind, um den Alltag gelassen bewältigen zu können. Geht es allerdings darum, unseren Hund zu einem zuverlässigen Begleiter zu machen, den wir im Alltag stets gerne an unserer Seite haben, hat dies wenig mit Training zu tun.

ERZIEHUNG UND KONSEQUENZ

Viel entscheidender für ein harmonisches Miteinander von Mensch und Hund ist die Erziehung! Diese beginnt in dem Moment, ab dem der Hund in seinem neuen Zuhause einzieht. Ganz egal, ob Welpe, Junghund oder erwachsener Hund, ob vom Züchter, aus dem Tierschutz oder anderer Herkunft.

– Was ist wichtig im sozialen Miteinander?
– Worauf sollte ich im Zusammenleben mit meinem Hund achten?
– Welche Aktionen meines Hundes und meine Reaktionen darauf sind relevant dafür, dass er mich respektieren kann, und dass mein Hund mir zutraut, Situationen für ihn zu regeln, die er sonst selbst regeln müsste?

Erziehung ist eine Frage der inneren Haltung uns selbst gegenüber, aber auch unserem Hund und anderen gegenüber. Sind wir uns unserer eigenen Haltung bewusst, wird es uns leichter fallen, unseren Hund erfolgreich zu erziehen.

Selbstbewusstsein beinhaltet, uns unserer Handlungen bewusst zu sein, unsere Tätigkeiten bewusst auszuführen. Gelingt uns das, wird uns auffallen, wenn sich unser Hund uns gegenüber nicht benimmt, sich unverschämt und respektlos verhält. Wobei dies nicht als Boshaftigkeit zu werten ist. Stellen wir uns ihm gegenüber, durch unser Auftreten und unsere Handlungen, nicht als respektable Persönlichkeiten dar, gibt es auch keinen Grund, sich uns gegenüber entsprechend zu verhalten.
Die wohl wichtigste Eigenschaft, die es dahingehend zu erarbeiten gibt, ist die Konsequenz, sowohl in der Interaktion als auch in der Kommunikation.
Konsequenz schafft Berechenbarkeit und somit Vertrauen.
Durch Inkonsequenz entsteht Willkür und in der Folge oftmals verständlicherweise Unsicherheit aufseiten des Hundes. Es ist an uns, konsequent klare Grenzen zu setzen, so wie es sie in anderen Sozialverbänden ebenfalls gibt, auch unter uns Menschen.

IGNORANZ DEM MENSCHEN GEGENÜBER

Respektloses Verhalten fällt vielen nur innerhalb einer Interaktion auf, die auf Training beruht. Der Hund führt ein Signal bzw. Kommando nicht aus. Er steht z. B. auf, obwohl er sitzen soll, er schnüffelt weiter an einem Grasbüschel, obwohl er kommen soll, er rennt zu einem anderen Hund, obwohl ihm das untersagt wurde. All dies sind beispielhafte Szenen, in denen die Ansprache des Menschen vom Hund missachtet wird. Und dies sind auch Szenen, die Menschen dazu bewegen, professionelle Hilfe in Anspruch zu nehmen.
Die Ignoranz der Ansprache des Menschen hat ihren Ursprung allerdings in der Ignoranz des Menschen als Person. Die Missachtung des Hundes uns als Person gegenüber abzustellen, ist maßgeblich für den Erfolg der Ausführung der Kommandos auf unsere Ansprache hin. Wenn er uns als Führungspersönlichkeit anerkennt und uns vertraut, wird er auch auf unsere Ansprache reagieren.

Jedem Lebewesen ist es im Grunde gleichgültig, was gesagt wird oder was getan wird. Viel entscheidender ist, wer etwas sagt oder wer etwas tut. Nicht das Wort oder die Handlung sind ausschlaggebend, sondern die Persönlichkeit dahinter.

»Ein achtsamer Umgang mit uns und unserem Hund ist der Schlüssel zu einem harmonischen Zusammenleben, ohne dass der Hund ständig Signale ausführen muss! Er darf im Rahmen von Grenzen und Regeln frei leben und kann sich bei uns in allen Lebenslagen sicher und geborgen fühlen.«

Kontaktliegen auf dem Sofa ist unser Abendritual.

Auf den folgenden Seiten werde ich Ihnen zeigen, in welchen Situationen sich Ihr Hund Ihnen gegenüber unverschämt verhält, ohne dass Ihnen das bisher unter Umständen bewusst war und wie Sie sich zukünftig verhalten können, um dies zu ändern. Darüber hinaus werde ich darlegen, was den Hund als eigenständige und vollwertige Persönlichkeit ausmacht, welche artspezifischen und individuellen Bedürfnisse es zu respektieren gilt, welche Entscheidungen Sie treffen sollten, um als Führungspersönlichkeit anerkannt zu werden und welche Ihr Hund für sich selbst treffen darf und sollte, um seine physische und psychische Gesundheit möglichst lange zu erhalten. Vor allem für Letzteres spielt auch die Klarheit in der Kommunikation eine entscheidende Rolle. Es ist wissenschaftlich belegt, dass Hunde mehr verstehen als nur beigebrachte Worte. Und doch ist das Beibringen von Kommandos unumgänglich, wenn wir uns in der Gesellschaft bewegen wollen.

– Doch wann macht es Sinn, mich meinem Hund auf verbaler Ebene rein intuitiv zuzuwenden und wann verwende ich besser klare verbale Signale?
– Wie vermittle ich meinem Hund die Signale und wie bleibe ich für ihn ein verlässlicher Kommunikationspartner?
– Wie verhindere ich Unsicherheiten oder gar Furcht bei meinem Hund bei der Ausführung der Kommandos?

Dies sind viele Dinge, die erst einmal gar nichts mit dem Freilauf zu tun haben, die aber wichtig sind, damit unser Hund sich auf uns verlassen kann, uns vertraut und sich in der Folge mit Freude an uns orientiert, uns gerne beim Spaziergang begleitet und mit uns verbunden sein möchte.
Ich möchte Sie dabei unterstützen, Ihren Weg zu einem liebevollen und respektvollen Miteinander zu finden, mit größtmöglicher Freiheit für alle Beteiligten.

KOMMUNIKATION

EIN BLICK ALS FRAGE: „GEHEN WIR WEITER?“

Anubis wartet auf Pascal und schaut ihn dementsprechend an, was Pascal natürlich verbal lobt.

Blickkontakt und Ansprache

Wann immer unser Hund sich in unserer Gegenwart aufhält, kommunizieren wir. Selbst dann, wenn wir ihn nicht beachten. Für den Hund bedeutet das, dass wir gerade keine Zeit für ihn haben.

Sehen wir unseren Hund an, fühlt er sich wahrgenommen und in eine Situation mit einbezogen. Wir können das verstärken, indem wir uns zusätzlich unserer Worte bedienen, ihn ansprechen und mit ihm in Blickkontakt treten.
Eine Ansprache ohne Blickkontakt macht nur dann Sinn, wenn wir davon ausgehen können, dass der Hund unsere Worte auch begreift. Dazu müssen wir ihm diese beigebracht haben, was bei Kommandos immer der Fall sein sollte. Soll der Hund ein Kommando ausführen, ist es nicht notwendig, vorher Blickkontakt herzustellen, die verbale Ansprache ist hierbei ausreichend.
Sitzen wir beispielsweise am Tisch, essen gerade und beabsichtigen nicht, unserem Hund etwas davon abzugeben, macht es auch keinen Sinn, ihn in diesem Moment wortlos anzusehen. Auch wenn wir ihn dabei nicht ansprechen, könnte er dies als Aufforderung empfinden, zu uns zu kommen. Bei uns angekommen, wird der Hund dann entweder ignoriert oder abgewiesen, da wir ja keinen bewussten Kontakt herstellen wollten. Möchten wir also nichts von unserem Hund, sehen wir ihn auch nicht an!

Führt der Hund ein Kommando aus, ist kein permanenter Blickkontakt erforderlich.

Möchten wir den Hund in eine Situation nicht mit einbeziehen, sollten wir Blickkontakt vermeiden.

Kommandos

Begeben wir uns in die Gesellschaft, in den öffentlichen Raum, erleichtern Kommandos die Kommunikation und damit das Miteinander mit und unter Fremden.

In den eigenen vier Wänden ist es nicht unbedingt notwendig, dass wir unserem Hund beigebracht haben, dass bestimmte Worte eine bestimmte Bedeutung haben und welche Reaktion er auf diese Worte zeigen soll. Denn hier ist normalerweise keine Eile geboten und wir können ihn auch durch rein intuitive Ansprache lenken (siehe S. 26 ff.). Doch leider können wir unserem Hund nicht immer alle Zeit der Welt lassen, um auf unsere Ansprache zu reagieren. Es muss also Worte geben, die ihm individuell beigebracht wurden und auf die er sofort reagieren sollte.

Signal, Kommando, Befehl, Anordnung!

Wie Sie persönlich diese Worte betiteln möchten, liegt bei Ihnen. Klar ist, es sind weder Fragen noch Wünsche, noch Bitten, noch Einladungen, die wir unserem Hund gegenüber äußern. Fragen können verneint werden, Wünsche, Bitten und Einladungen ausgeschlagen werden. Beides ist hinsichtlich eines Kommandos inakzeptabel.
Es sind Ansprachen, auf die unser Hund prompt reagieren muss. Nur so gelingt es, sich in der Gesellschaft zu bewegen, ohne begründet negativ aufzufallen und den Hund nicht zur Gefahr für sich und andere werden zu lassen.

NOTWENDIGE KOMMANDOS

Für mich ist der Einsatz der Stimme unerlässlich, wenn es darum geht, dem Hund die Bedeutung bestimmter Worte beizubringen. Einmal hinsichtlich der Worte selbst, aber auch in Bezug auf Lob und Korrektur.
Unsere Stimme ist etwas Persönliches, etwas Individuelles. Unser Hund kennt sie ab dem Tag seines Einzugs. Ich möchte sie nicht durch ein Hilfsmittel wie eine Pfeife ersetzen, überträgt die Stimme doch auch Emotionen, die beim Äußern eines Kommandos zwar mal hinderlich sein können, aber eben unsere Persönlichkeit auch ausmacht. Damit wir uns mit unserem Hund im öffentlichen Raum bewegen können, sind wenige Kommandos ausreichend.

1. Ein Kommando, das bedeutet: „Sieh mich an"

Dieses Kommando dient dazu, zu überprüfen, wo sich unser Hund mit seiner Aufmerksamkeit gerade befindet, ohne dass er zu uns kommen muss. Die Distanz zu uns hat dabei keine Relevanz.
Ich verwende den Namen des Hundes für dieses Kommando, da wir Menschen dies im Umgang mit unseren Mitmenschen auch so handhaben.

Suri hebt den Kopf und schaut zu ihrem Menschen, als sie ihren Namen hört.

Bewegen wir uns beispielsweise in der Stadt und vermuten, dass vor uns eine Person läuft, die wir kennen und wir möchten diese ansprechen, verwenden wir dazu üblicherweise den Namen: „Sabine?“, wenn wir uns nicht sicher sind, ob es auch tatsächlich Sabine ist, oder „Sabine!“, wenn wir uns sicher sind und wir möchten, dass sie sich umdreht.

Name vor Kommando

In der Kommunikation mit unserem Hund wird seinem Namen aber noch eine weitere wichtige Eigenschaft zuteil. Der Name unseres Hundes sollte vor allen anderen Kommandos genannt werden, damit unser Hund diese unmissverständlich auf sich beziehen kann.
Würden wir darauf verzichten, hätten wir den Anspruch, dass der Hund vierundzwanzig Stunden am Tag in Bezug auf unsere geäußerten Worte aufmerksam ist, damit er, sobald er ein Wort hört, welches er kennt, sofort reagieren kann. Eine unrealistische Vorstellung!
Gerade in der Mehrhundehaltung ist das Voranstellen des Namens unerlässlich. Wie sonst sollten die Hunde individuell angesprochen werden können?

Falls bisher noch nicht so gehandhabt, sollte es zukünftig immer heißen: „Name, Kommando“, also beispielsweise: „Lina, Hier“.

Dabei sei an dieser Stelle schon einmal angemerkt, auch weil es für viele eine der größten Hürden darstellt, dass der Name des Hundes im Alltag nur noch fallen sollte, wenn wir den Hund auch direkt ansprechen. Erzählen wir von ihm, also wenn wir über ihn sprechen, können wir unserer Fantasie freien Lauf lassen und sämtliche Kosenamen wählen, die sich oft situationsbedingt auch ändern. Mal Hexe, mal Süße, mal Teufel, mal Schatz oder auch einfach der Hund. Verwenden wir ständig den Namen des Hundes, wenn wir von ihm erzählen, wird dieser letztlich, genauso wie der Großteil unserer Worte, im Wust unserer Sätze untergehen und unser Hund wird nicht mehr darauf reagieren.
Darüber hinaus sollten wir unseren Hund auch nicht mit seinem Namen ermahnen, wenn er beispielsweise ein Kommando nicht richtig ausführt.

Verinnerlichen wir: Der Name hat (nun) eine Bedeutung und sollte auch nur noch gezielt und nicht inflationär verwendet werden.

Blickkontakt verbal loben

Wichtig ist, den Blickkontakt stets verbal zu loben. Allerdings nur verbal und nicht mit einem Leckerchen. Wenn wir den Hund in dieser Situation mit Leckerchen belohnen, bringen wir ihm unter Umständen bei, dass er auf seinen Namen kommen muss. Denn wie wollen wir ihm sonst das Leckerchen geben? Er soll aber auf seinen Namen hin nur Blickkontakt aufnehmen. Wenn er dies getan hat, wir ihn gelobt haben und soweit mit der Situation zufrieden sind, schauen wir den Hund auch nicht mehr weiter an. Das Lob bedeutet in dieser Situation: *„Das war alles, was du tun musstest, es wird nichts Weiteres von dir erwartet!"*

Deshalb wird der Hund auch gelobt, wenn er uns erst auf eine Korrektur hin anschaut. Das Lob bedeutet nicht, dass er das ganz toll gemacht hat, sondern nur, dass er nichts weiter zu tun hat. Das Ende des Blickkontaktes nach dem Lob signalisiert dem Hund das Ende der Interaktion. Würden wir ihn nach dem Lob weiterhin ansehen, ohne etwas zu sagen, dürfte er im Grunde in der Situation nicht einfach machen, was er will, da wir durch den Blickkontakt ja weiterhin in Interaktion mit ihm sind. Allerdings wird ein stoisches Anschauen früher oder später jedem Hund schlichtweg zu blöd, wenn keine weitere Ansprache erfolgt und er wird sich anderen Dingen zuwen-

1

2

3

1. Bruno schaut nicht, läuft aber auf Annette zu. Er ignoriert sie also nicht.

2. Annette bleibt freundlich im Ton: „Hallo, Großer."

3. Bruno schaut daraufhin Annette an, was von ihr gelobt wird.

den. Das wäre allerdings als Frechheit zu werten, was uns als Mensch jedoch nicht auffallen würde, da wir ja mittels des geäußerten Kommandos nur den Blickkontakt eingefordert hatten.

Verwendung und Ablauf

Wann verwenden wir dieses Kommando „Sieh mich an" und wie ist der genaue Ablauf?
Der Hund scheint mit der Aufmerksamkeit bereits zu lange anderswo zu sein, hat uns schon eine gewisse Zeit nicht von sich aus angeschaut oder widmet seine Aufmerksamkeit einer für ihn reizvollen Situation, z. B. einem anderen Hund, einer anderen Person.
Wir sprechen den Hund an: „Name"

Dann ergeben sich folgende Möglichkeiten:
1. Der Hund schaut uns sofort an.
– Er wird sofort verbal gelobt und danach nicht mehr angeschaut.
2. Der Hund zeigt keine Reaktion.
– Wir korrigieren ihn, bis er schaut und loben ihn verbal, wenn er dies dann tut.
3. Der Hund schaut nicht, aber läuft in unsere Richtung auf uns zu.
– Er verhält sich in dieser Situation uns gegenüber nicht ignorant, zeigt jedoch nicht die gewünschte Reaktion. In diesem Fall verhalten wir uns freundlich gegenüber unserem Hund. Anstatt einem lauteren „Hey", wie es bei Punkt 2 angebracht wäre, äußern wir eher ein nettes „Hallo", „Süße", „Dicker", bis der Hund Blickkontakt aufnimmt. Auch dann erfolgt das verbale Lob durch uns.

Wahl des Namens

Was die Auswahl des Namens betrifft, sollten Sie hier ebenfalls Ihre Emotionen sprechen lassen. Der Name sollte eine Bedeutung haben, die mehr ist als eine sachliche Ansprache.

Beispiel: Nie vergessen werde ich den Saluki Eman. Er reagierte schlecht auf die Ansprache von Sylvia. Nach einiger Zeit fragte ich sie, ob der Name für sie zum Hund passen, ob sie damit emotional irgendetwas verbinden würde. Ich persönlich tat mich schwer mit diesem Namen. Für mich klang er abgehackt, kalt und ohne Emotion. Sylvia sah mich fragend an. Ich schlug ihr vor, sich einen anderen Namen zu überlegen. Eman war vom Züchter eingetragen worden und Sylvia hatte ihn so übernommen. Irgendwann teilte sie mir mit, dass Eman nun Elvin hieß. Ein Name, der ihr gefiel und den sie auch mit Emotionen verbinden konnte. Ob Elvin daraufhin besser reagierte, kann ich nicht sagen, aber wenn nicht, sind die Gründe hierfür an anderer Stelle zu suchen und sicher auch zu finden. Ich selbst habe meine erste Hündin auch umgetauft. Aus Sinem wurde Sahra. Mit ihrem ursprünglichen Namen konnte ich nichts anfangen, auch wenn ich nicht sagen kann, dass er mir nicht gefiel. Ich wollte aber verhindern, den Fehler, den ich mit meinem ersten Hund begangen hatte, zu wiederholen. Hanoun war dreizehn Jahre ein liebenswerter Begleiter und er folgte auch vorbildlich. Aber im Nachhinein muss ich sagen, passte der Name nicht zu ihm. Jetzt könnte man annehmen, dass es daran lag, dass Sinem und Hanoun keine gewöhnlichen Namen waren. Dem ist aber nicht so. Enisa und Gioia sind ebenfalls seltene Namen, trotzdem passen sie für mich wunderbar zu diesen beiden Hunden. Enisa, die treue Gefährtin, Nomen est omen, die sich tatsächlich zu einer solchen entwickelt hat, und Gioia, die Freude, die ihrem Namen alle Ehre macht und der stets gut gelaunte Sonnenschein in unserer Familie ist.
Suchen Sie für Ihren vierbeinigen Liebling einen Namen, den Sie auch fühlen können und scheuen Sie sich nicht, sollte der Hund bereits einen Namen besitzen, diesen zu ändern.

2. Ein Kommando, das bedeutet: „Komm zu mir, bleibe bei mir, auch wenn ich mich bewege, bis ich das Kommando auflöse bzw. wieder freigebe"

Welches Wort man hierfür verwendet, spielt im Grunde keine Rolle. Sie können Ihrem Hund auch beibringen, dass er auf das Wort „Cocktail" zu Ihnen kommen soll. Für viele ist allerdings ein Wort hilfreich, das in den Kontext passt. Beispiele sind: **„Hier", „Bei mir", „Zu mir", „Hierher", „Hand", „Fuß", „Bein", „Seite"**

Wichtig ist für dieses Kommando ein Wort zu verwenden, das Sie intuitiv, vor allem dann, wenn Sie den Hund korrigieren müssen, nicht verwenden. „Komm" wird beispielsweise sehr gerne als Kommando in diesem Kontext eingesetzt. Ich habe es in der Liste absichtlich nicht aufgeführt, da viele Menschen dieses Wort auch in der verbalen Korrektur verwenden.

„Name, Komm". Zeigt der Hund daraufhin keine Reaktion, ruft der Mensch intuitiv: *„Los, komm jetzt her!"* Damit hätte der Mensch das Kommando wiederholt und dies sollte man möglichst vermeiden. Es fällt meist leichter, sich ein anderes Signalwort zu überlegen, als sich Automatismen abzugewöhnen. Sollten Sie aus Bayern stammen und „Komm" als Signal verwenden, kann es gut sein, dass dies problemlos möglich ist. Oftmals wird aus dieser Region nämlich mit *„Los, geh jetzt her!"* korrigiert, was ja keine Wiederholung des Kommandos „Komm" wäre.

Auch in der intuitiven Ansprache wird das Wort „Komm" häufig verwendet. *„Komm, wir gehen Gassi!"*, *„Komm, lass das mal!"* Achten Sie darauf, ob dies bei Ihnen der Fall ist. Sollte es so sein, sollten Sie das Wort „Komm" nicht als Kommando verwenden.

Gioia kommt auf ihr Kommando hin zu mir.

3. Ein Kommando, das bedeutet: „Das, was du tun möchtest oder auch gerade tust, lässt du bleiben"

Kontextbezogen haben sich folgende Worte bewährt: **„Nein", „Schluss", „Lass das", „Stopp", „Fertig"**

Bei diesem Kommando ist als Einziges zu beachten, dass man auch dann nicht lobt, wenn der Hund sein Verhalten sofort abbricht bzw. erst gar nicht beginnt. Dabei ist wichtig zu verstehen, dass man diese Aufforderung stets auf das bezieht, an das der Hund gerade denkt! Und das ist nicht immer auch das, was er gerade tut.

Beispiel: Stellen wir uns vor, unser Hund markiert einen Strauch, hat aber, während er dies, tut schon einen anderen Hund im Blick, zu dem er gerne laufen möchte. Geben wir ihm in dieser Situation das Kommando, wird er im besten Fall nicht aufhören zu markieren, sondern, wenn er fertig ist, unserer Anordnung nachkommen und nicht zu dem anderen Hund laufen.

Chinta wird von mir aus dem Kommando entlassen.

Gelobt wird dieses Kommando nicht. Man würde auch kein Kind loben, wenn es auf unsere Anordnung keine Blume abreißt oder keinen Schmetterling fängt. Manchmal darf man eben bestimmte Dinge im Leben nicht tun. Das ist auch innerhalb eines Hunderudels so. Wird von einem Rudelmitglied Unmut gegenüber den Absichten eines anderen geäußert, sich z. B. noch den Rest einer Pizzaschnitte zu holen und dieser lässt daraufhin von seinem Vorhaben ab, wird er dafür auch kein Dankeschön erhalten.

4. Ein Kommando, das bedeutet: „Du kannst wieder tun, was du möchtest"

Dies ist wohl das wichtigste Kommando in Bezug auf konsequentes Handeln und auch das, welches die Hunde am schnellsten zu begreifen scheinen. Alle Kommandos, die der Hund mit einer bestimmten Körperposition oder mit einer bestimmten Örtlichkeit verbindet, würden hinfällig, wenn es kein Kommando gäbe, das den Hund dazu berechtigt, die Körperposition wieder zu ändern oder die Örtlichkeit wieder zu verlassen. Denn dann würde der Hund immer selbstständig entscheiden (dürfen), wann er die Anordnung lange genug ausgeführt hat. Dies ist aber nicht Sinn und Zweck einer Aufforderung. Von den bisher aufgeführten Kommandos wäre nur das Kommando, das unter Punkt 2 (ein Kommando, das bedeutet „Komm zu mir, bleibe bei mir, auch wenn ich mich bewege, bis ich das Kommando auflöse bzw. wieder freigebe") beschrieben wurde, zu entlassen. Sollten Sie Ihrem Hund über diese Kommandos hinaus weitere statische wie z. B. „Setz dich", „Leg dich", „Bleib an dieser Stelle" oder „Geh auf deine Decke" beigebracht haben, müssen Sie auch diese auflösen bzw. freigeben.

Hierfür eignen sich folgende Worte: **„Lauf", „Geh", „Frei", „Fertig", „Ok"**

Wichtig ist zu beachten, dass man die Worte nicht in einem anderen Kontext seinem Hund gegenüber verwendet. So benutzen viele Menschen das Wort „Weiter", wenn der Hund hinter ihnen schnüffelt und sie erreichen möchten, dass dieser weiterläuft. Er müsste also auf „Name, Weiter" in Richtung seines Menschen laufen. Verwendet man das Wort „Weiter" im Sinne einer Freigabe, muss der Hund aber nicht weiterlaufen, er darf weiterlaufen, aber auch sonst machen, was er möchte. Würde er sich entscheiden, weiterhin bei seinem Menschen zu bleiben, wäre dies auch in Ordnung. Verwendet man in beiden Situationen „Weiter", könnte der Hund dies so interpretieren, dass er, am Grasbüschel schnüffelnd, nicht weiterlaufen muss, sondern, da er ja machen darf, wonach ihm der Sinn steht, einfach weiterschnüffeln kann.

„HIER“ BEIBRINGEN

12 Schritte im Überblick

1. Chinta ist im Freilauf und hat noch kein Kommando.

2. Bevor die Leine spannt, kommt das Kommando. In diesem Fall „Chinta, Hier“.

3. Chinta kommt schnell und freudig zu mir zurück.

4. Sobald sie bei mir ist, lobe ich sie. „Prima, Hier“.

5. Ich bewege mich und Chinta muss bei mir bleiben.

6. Erkenne ich, dass sie nicht mehr aufmerksam ist, korrigiere ich sie.

7. Ich lobe jeden Schritt, den sie ordentlich mit mir geht.

8. Ich tippe sie an, weil sie zu weit von mir entfernt ist.

9. Sie reagiert und kommt wieder zu mir. Jetzt wird sie gelobt. „Fein, Hier“.

10. Sie läuft schön an meiner Seite. „Super, Hier“.

11. Ich löse das Kommando wieder auf. „Chinta, Frei“.

12. Jetzt darf Chinta wieder tun, was sie möchte.

1

2

1. Alle warten im Kofferraum, bis sie aussteigen dürfen.

2. Auf das Kommando „Zwerge, Hopp" springen sie aus dem Auto.

5. Ein Kommando, das bedeutet: „Du darfst das Auto verlassen"

Ihr Hund sollte nach dem Öffnen von Tür oder Kofferraum nicht einfach aus dem Auto poltern, um die Umgebung zu inspizieren und Sie dabei völlig ausblenden. Deshalb sollte er auf sein Kommando warten, auf das er dann das Auto verlassen darf. Wählen Sie ein Wort, das für Sie in den Kontext passt und das Sie sonst nicht verwenden: **„Hepp"**, **„Hopp"**, **„Raus"**, **„Aussteigen"**

Wie Sie vorgehen können, wenn Ihr Hund aus dem Auto springt, ohne auf sein Kommando zu warten, ist unter „Mit dem Auto zum Spaziergang" beschrieben (siehe S. 107 f.).

Mit diesen fünf Kommandos gelingt es uns gut, unseren Hund durch den Alltag im öffentlichen Raum zu lenken. Der Einfachheit halber werden die Kommandos in den Beispielen in diesem Buch folgendermaßen lauten: **„Lina"**, **„Hier"**, **„Frei"**, **„Nein"**, **„Hopp"**

Rampe als Ausstiegshilfe

Insbesondere schwere, kräftige Hunde profitieren auch schon in jungen Jahren gesundheitlich davon, wenn sie nicht aus dem Auto springen müssen, was immer eine Belastung für die Gelenke darstellt. Eine Treppe oder Rampe kann Abhilfe schaffen.

WEITERE SINNVOLLE KOMMANDOS

Zusätzlich zu den notwendigen fünf Kommandos, mit denen wir mit unserem Hund gut durch den Alltag kommen, können wir ihm selbstverständlich weitere Kommandos beibringen.

Machen Sie sich stets bewusst, welche Bedeutung ein Kommando für Sie und damit auch für Ihren Hund hat. Vermeiden Sie Worte mit gleicher Bedeutung, was die Reaktion des Hundes betrifft. Also nicht „Nein" und „Lass das", nicht „Komm" und „Hier", nicht „Warte" und „Stopp". Vielleicht hilft es Ihnen, eine Liste mit allen Kommandos anzufertigen, die Ihr Hund beherrscht und sich hinter den Worten zu notieren, welche Bedeutung diese haben. Sollte Ihnen auffallen, dass zwei oder mehrere Worte das Gleiche bedeuten, entscheiden Sie sich für eines und streichen Sie die restlichen.

„Arm“ verwende ich, wenn meine Hunde nicht aus dem Auto herausspringen, sondern in meinen Arm kommen sollen. Ich greife sie dann mit einem Arm unter dem Brustkorb und mit dem anderen Arm unterhalb des Gesäßes. Da mir meine Hundephysiotherapeutin geraten hat, meine Hunde möglichst selten aus dem Auto herausspringen zu lassen, verwende ich dieses Kommando sehr häufig. Ich zähle mich nicht zu den „Helikopterfrauchen“, aber in diesem Fall bedeutet Prävention nun wirklich kaum einen nennenswerten Aufwand, sodass ich diesen gerne betreibe. Auch in nicht alltäglichen Situationen, wie z. B. bei der Nutzung einer Rolltreppe oder beim Tierarzt, kann es Sinn machen, den Hund mit diesem Wort auf das Hochheben vorzubereiten. So weiß er, was passiert und bleibt ruhig.

„Aussteigen“ verwende ich, wenn wir mit dem Fahrrad und Anhänger unterwegs sind. Auch hier sollen meine Hunde, wenn ich die Abdeckung des Hängers geöffnet habe, nicht einfach aus dem Hänger springen, sondern auf das Kommando warten.

1. Meist bedeutet Aussteigen „In-den-Arm-Gehen“.

2. Enisa darf nur mit Kommando aus dem Hänger steigen.

1

2

1

2

„Steh“ verwende ich auf dem Spaziergang, wenn sich unvorhergesehen und schnell etwas oder jemand nähert, sodass es meinen Hunden unmöglich wäre, noch zu mir zu gelangen, wenn ich sie mit „Bei mir“ zu mir rufen würde. Sie müssen dann an der Stelle verharren, an der sie sich befinden, bis sie wieder mit der Freigabe „Lauf“ machen dürfen, was sie möchten. Manchmal kommt es bei diesem Kommando vor, wie beim Namen (Bedeutung: „Sieh mich an“) auch, dass der Hund nicht die Reaktion zeigt, die ich ihm beigebracht habe, sondern er auf mich zuläuft. Er missachtet mich also nicht. Dennoch muss ich ihn korrigieren, ihn also wieder dorthin zurückbringen, wo er eigentlich hätte stehen bleiben sollen. Gleiches gilt natürlich, wenn er einfach weiterlaufen würde. Dann allerdings wäre mein Ton etwas unfreundlicher, da er meine Aufforderung ignoriert hat.
„Auf geht's“ verwende ich, wenn ich möchte, dass meine Hunde weiterlaufen. Generell dürfen sie natürlich schnüffeln, aber manchmal dauert es auch mir einfach zu lange, sodass ich sie auffordere, weiterzugehen.

ENTBEHRLICHE KOMMANDOS

Nahezu jeder Hund beherrscht sie und es sind wahrscheinlich die Kommandos, die der Hund als Erstes erlernt – „Sitz“ und „Platz“. Nun ist es nicht tragisch, wenn der Hund diese Kommandos kennt, allerdings ist fraglich, wann man sie sinnvollerweise einsetzt.
Wann immer man seinem Hund ein Kommando geben möchte, sollte man sich im Vorhinein Folgendes überlegen: Sage ich etwas oder sage ich besser nichts? Spreche ich den Hund lieber intuitiv an oder gebe ich besser ein Kommando? Denn spreche ich eine Anordnung aus, der Hund möchte es aber nicht tun, dann muss ich auf dessen Ausführung bestehen, ihn also korrigieren, bis er es tut.
Gebe ich meinem Hund im Restaurant das Kommando „Platz“ und habe ihn vorher lehrbuchmäßig unter den Tisch dirigiert und mein Hund nimmt gedanklich davon Abstand, meiner Anordnung nachzukommen, werde ich mich unter den Tisch begeben dürfen, um dort die Ausführung des Kommandos einzufordern. Das mag bei einem Hund mit einem Gewicht von fünf Kilogramm

3

1. Enisa muss mit Kommando an einer Stelle stehen bleiben.

2. Die Mädels ohne Kommando im Biergarten auf ihren Decken.

3. Peri gibt Gas, während Suri gemütlich läuft. Aber beide kommen.

noch möglich sein, spätestens bei dreißig Kilogramm endet aber der Spaß. Hinzu kommt, dass mein Hund, wenn ich ihm im Restaurant das Kommando „Platz" gebe, sich zwischendurch nicht erheben darf, um seine Position zu ändern. Darüber hinaus muss ich am Ende des Restaurantbesuchs daran denken, meinen Hund wieder aus dem Kommando zu entlassen, da er sonst liegen bleiben müsste, auch wenn ich das Restaurant verlasse. Gleiches gilt für das Kommando „Sitz". Wenn ich mit meinen Hunden in ein Restaurant gehe, nehme ich für meine Knochengerüste immer eine Decke mit, damit sie bequem liegen können. Früher oder später lassen sie sich auch immer darauf nieder. Sollten sie von unserem Tisch weglaufen wollen, kann ich dieses Verhalten mit dem Abbruchkommando unterbinden. Ich muss sie also nicht mit einem Kommando in einer Körperposition fixieren und muss in der Folge nicht daran denken, dieses Kommando wieder freizugeben.
Mit den Kommandos „Sitz" und „Platz" kann ich mir das Leben sogar unnötig schwer machen, von daher würde ich sie als entbehrlich einstufen.

SCHNELLE UND LANGSAME AKTEURE

Geben wir unserem Hund eine Anordnung, dann sollte er dieser sofort nachkommen. Die Geschwindigkeit ist davon abhängig, in welchem Tempo er sich sonst bewegt. Ist unser Hund schon älter und verbringt den Spaziergang hauptsächlich damit, von Grasbüschel zu Grasbüschel zu laufen, um dort die neusten Zeitungsartikel zu lesen, wird unser Anspruch an die Geschwindigkeit eine andere sein als bei einem flotten Junghund.
Geben wir beiden das Kommando, dass sie uns ansehen sollen („Name"), dann wäre es für mich in Ordnung, wenn der ältere Hund langsam seinen Kopf vom Grasbüschel hebt, um mich anzusehen. Beim jüngeren Hund hätte ich die Erwartung, dass der Kopf quasi in meine Richtung schnellt. Geben wir beiden das Kommando, dass sie zu uns kommen sollen („Name, Hier"), dann sollten beide sich sofort in meine Richtung bewegen, also nicht mehr weiter am Grasbüschel schnuppern. Auf dem Weg zu mir dürfen und sollten sie sich aber in ihrem normalen Tempo bewegen. Der Senior darf gerne zu mir schlendern, der Jungspund sollte seine Geschwindigkeit beibehalten.

Intuitive Ansprache

Man kann seinem Hund klare Kommandos beibringen oder ihn mit Worten ansprechen, deren Inhalt er vermeintlich nicht versteht. Durch Tonalität, Gestik und Mimik wird vermittelt, was man möchte.

Immer dann, wenn bei der Ausführung eines Kommandos keine Dringlichkeit besteht, verwende ich keines. Ich persönlich gebe Signale nur, wenn es schnell gehen muss. Wenn keine Zeit bleibt, meinen Hunden die Bedeutung einer intuitiven Ansprache zu vermitteln.

OHNE GRENZEN KEINE FREIHEIT

Meine Hunde sind Familienmitglieder, keine Befehlsempfänger und so oft wie möglich möchte ich dies auch durch meine Ansprache vermitteln. Dennoch bleibt es dabei: Wenn ich meinen Hunden mittels eines Kommandos die Aufforderung gebe, etwas zu tun oder auch nicht zu tun, dann wird dies nicht diskutiert. Meine Hunde dürfen gerne den ganzen Tag, im Rahmen meiner Grenzen und Regeln, egal ob zu Hause oder außerhalb, tun, was sie möchten. Wenn ich sie aber anspreche, müssen sie reagieren. Sonst ist Freiheit für sie, aber auch für mich, in diesem Ausmaß nicht möglich.

Kommt der Radfahrer um die Ecke oder der Hund möchte sich etwas einverleiben, von dem man nicht weiß, was es ist, machen Aufforderungen durch klare Kommandos Sinn. Möchte man den Hund zu Hause zum Spaziergang auffordern oder soll er herkommen, damit man ihm die Ohren säubern kann, so kann man dies auch durch frei gewählte, nette Worte tun.
Die intuitive Ansprache beinhaltet Worte bzw. Sätze, die uns ganz natürlich über die Lippen kommen. Hauptsächlich ist die Tonalität dafür verantwortlich, dass der Hund meine Worte einordnen kann. Während ein Kommando durchaus neutral gegeben werden kann, schwingen bei allen anderen Ansprachen immer Gefühle wie z. B. Freude, Wut, Unsicherheit, Ekel mit.

UNTERSCHIEDLICHE CHARAKTERE

Hunde scheinen dahingehend allerdings eine unterschiedliche Intelligenz aufzuweisen, die mitunter auch davon abhängig ist, in welchem Umfeld die Hunde aufgewachsen sind. Konnten sie schon früh im Leben Worte mit Handlungen verknüpfen, die über das reguläre Vokabular von Kommandos hinausgingen, tun sie sich leichter, als wenn sie dies erst später erlernen.
Ich kann mit gutem Gewissen von mir behaupten, dass ich meine zwei Hündinnen, die momentan bei mir leben, gleich erzogen habe und auch sicherlich mit dem gleichen Wortschatz. Trotzdem fällt

„Schniepi, na los, komm weiter“ als intuitive Aufforderung.

es meiner älteren Hündin Enisa schwer, auf eine intuitive Ansprache zu reagieren. Ganz offensichtlich hat sie oft ein Fragezeichen im Gesicht und sie weiß nicht, was sie auf meine Ansprache hin tun soll. Mir tut es dann immer leid, wenn ich doch ein Kommando verwenden muss. Hat sie mich bis zu dessen Äußerung noch fragend angesehen, scheint es dann, als würde ein Schalter umgelegt und ein Zahnradwerk in Gang kommen und sie versteht, was ich meine.

Meine jüngere Hündin Gioia ist, wie meine beiden zuvor bei mir lebenden Hunde auch, ein Meister im Verständnis der intuitiven Ansprache. Und es freut mich und auch sie, dass wir uns auf emotionaler Ebene so gut unterhalten können. Es ist einfach ein ganz anderes Miteinander als nur über Kommandos zu kommunizieren, auch wenn man diese noch so freundlich äußert.

Gut erinnere ich mich an ein Erlebnis mit Sahra. Sie war es gewohnt, immer bei uns im Bett schlafen zu dürfen. Wir übernachteten bei Freunden und ich hatte vergessen, Bettwäsche von uns mitzunehmen. Ich hatte nur eine kleine Decke in der Größe einer Badematte dabei. Diese legte ich auf eine Stelle ins Bett und sagte zu Sahra so etwas wie: *„So, Maus, heute Nacht musst du auf dieser Decke bleiben!“* Sie kannte weder das Wort „Decke“ im Sinne eines Kommandos noch das Wort „Bleiben“. Trotzdem schlief sie die ganze Nacht auf dieser Decke, obwohl sie sonst immer mal wieder ihre Position im Bett änderte. Ein Beweis für mich, dass Hunde viel mehr verstehen, als erlernte Worte. Inzwischen lernt auch Enisa durch Beobachtung von Gioia und ich bin guter Dinge, dass ich mich mit ihr im Laufe der Zeit immer mehr über Sätze verständigen kann. Nicht zuletzt, weil Kommandos natürlich immer einen gewissen Druck mit sich bringen, denn hinter jedem Kommando steht ein Muss.

Ein Hund „muss“ ein Kommando ausführen. Bei der intuitiven Ansprache ist es mehr ein „möchte“.

Auch körpersprachlich versucht Mona zu vermitteln, was sie von Bella möchte.

Beispiele aus der Praxis

Beispiel 1: Auf dem Spaziergang erblickt mein Hund ein Feld mit frisch aufgebrachter Gülle und möchte dieses betreten, um sich in ebendieser zu wälzen. Ich möchte das natürlich nicht und könnte ihm diesen Vorsatz mit einem klaren Kommando untersagen: „Name, Nein". In diesem Fall würde ich das auch tun, da, zumindest für mein Verständnis durchaus eine gewisse Dringlichkeit besteht. Sollte man seinem Hund dieses Kommando noch nicht beigebracht haben und er es somit noch nicht kennen, dann könnte man z. B. auch in einem wütenden oder angeekelten Tonfall (sicher schwingt in dieser Situation beides mit) rufen: *„Freundchen/Fräulein, wag es nicht!"* Natürlich kennt der Hund diese Worte nicht, merkt aber, dass sein Mensch nicht erfreut ist und sollte diesen dann zumindest auf dessen Ansprache hin anschauen. Hat man die Aufmerksamkeit seines Hundes, kann man ihm durch Gestik vermitteln, dass er dem Feld fernzubleiben hat.

Beispiel 2: Ich treffe auf dem Spaziergang einen anderen Menschen mit seinem Rüden. Der andere Rüde scheint soweit nett zu sein, sodass mein Rüde Kontakt zu diesem haben darf. Im Verlauf der Begegnung werden die zwei körpersprachlich immer starrer und ich möchte, dass mein Hund zu mir kommt, damit die Situation nicht unschön ausgeht. Rufe ich ihn in diesem Moment mit einem Kommando zu mir, muss er sofort kommen. In dieser Situation bestünde allerdings die Möglichkeit, dass der andere Rüde den Moment ausnutzt, in dem sich mein Rüde abwendet und ihn unter Umständen angreift. Um keinen Druck bei meinem Rüden zu erzeugen, spreche ich ihn intuitiv an: *„Nouni, wenn ihr blöd rummacht, kommst du eben wieder her!"* So gebe ich ihm die Möglichkeit, in einer gewissen Zeitspanne selbst zu entscheiden, wann er sich von dem anderen Rüden abwendet, um zu mir zu kommen.

Beispiel 3: Welpen, die ja noch keine Kommandos kennen, lenke ich zunächst immer durch intuitive Ansprache. Möchte ich, dass mein Welpe zu mir kommt, mache ich auf mich aufmerksam, indem ich den Hund freudig anspreche, z. B.: *„Süße, komm mal schnell!"* und dies durch eine Geste unterstütze, z. B. indem ich mir mit einer Hand auf den Oberschenkel klopfe oder auch motivierend in die Hände klatsche.

Tabus – Dinge, die Ihr Hund nie tun darf

Tabus bilden die Schnittstelle zwischen Erziehung und Training. Im Zusammenleben mit seinem Hund muss man zwischen Verhalten unterscheiden, das temporär nicht in Ordnung ist, sodass der Hund es unterlassen soll und Verhalten, das niemals in Ordnung ist.

Einige Tabus im Hinblick auf das Verhalten zu Hause werden im Kapitel „Schlüsselmomente“ (siehe S. 60 ff.) dargelegt. Der Hund soll Ihnen kein Essen wegnehmen, das Ihnen heruntergefallen ist. Er soll Sie nicht zur Seite drängeln, wenn es irgendwo räumlich eng wird. Er hat Ihnen nicht einfach ein Spielzeug aus der Hand zu reißen, wenn das Spiel noch nicht begonnen hat. Dies sind Verhaltensregeln, die man dem Hund im Grunde nicht beibringen muss. Ein Hund weiß, dass es frech ist zu klauen, zu drängeln und Ihnen einfach Dinge zu entreißen. Es kann natürlich trotzdem vorkommen, dass er diese Handlungen vollziehen will. Dann aber nicht, weil er diese Tabus nicht kennt, sondern weil er Sie nicht als respektable Person akzeptiert, der gegenüber man sich so nicht verhalten sollte.
Im Zusammenleben mit uns gibt es allerdings weitere Tabus, die man dem Hund als solche erklären muss. Dies ist wahrscheinlich eine der zeitintensivsten Erziehungs- und Trainingsmaßnahmen und beginnt ab dem Moment, ab dem unser neues Familienmitglied einzieht. Der Hund soll nichts aus dem Regal nehmen, er soll nichts von Couchtisch, Esstisch oder Küchenablage holen. Je nach Regeln des Haushalts, darf er nicht in bestimmte Räume, darf nicht auf das Sofa oder ins Bett. Außerhalb des Hauses kann es z. B. tabu sein, das Gemüsebeet zu betreten, die Grundstücksgrenze zu übertreten oder im Wald den Weg zu verlassen.

Der Milchschaum war einfach zu verführerisch.

Nur weil Enisa am Tisch steht, ist sie nicht frech.

TEMPORÄRES UND KOMPLETTES VERBOT

Den Unterschied zwischen Verhalten, das von uns nur temporär nicht gestattet ist (welches man ihm also durch ein Kommando untersagen kann) und Verhalten, das von uns niemals geduldet wird, müssen wir unserem Hund auf kommunikativem Weg vermitteln.
Handlungen, die er temporär nicht vollziehen darf, unterbindet man mit dem Kommando, das bedeutet: Das, was du tun möchtest, lässt du sein – „Lina, Nein".
Gehen wir davon aus, Ihr Hund darf generell in die Küche. Jetzt haben Sie dort gerade den Boden nass gewischt und möchten verhindern, dass er die Küche betritt, solange der Boden noch nicht trocken ist. Möchte Ihr Hund nun in die Küche hineinlaufen, können Sie das mit dem entsprechenden Kommando, z. B. „Name, Nein," unterbinden.
Ist dagegen das Betreten der Küche generell für Ihren Hund tabu, wäre es falsch, in dieser Situation das Kommando zu verwenden, da dies ja bedeutet, dass er ein Verhalten nur im Moment abbrechen soll. Möchte der Hund, für den die Küche eine Tabuzone darstellen soll, diese betreten, kann man entsprechend Missfallen äußern: *„Aber ganz schnell zurück, mein Freund!"*, und ihn gegebenenfalls zurückziehen oder -schieben. Die Kommunikation erfolgt also akustisch und/oder körpersprachlich.

Weiteres Beispiel zur Verdeutlichung: Sie arbeiten in einer Firma und dürfen sich dort generell in allen Räumen aufhalten, auch in den Büros Ihrer Kollegen. Einzig das Büro Ihres Vorgesetzen dürfen Sie nur nach Aufforderung betreten, alleine niemals. Sie befinden sich gerade auf dem Weg in das Büro eines Kollegen, als Ihr Vorgesetzter sich von hinten nähert

und Sie darum bittet, später noch mal wiederzukommen, weil er etwas mit Ihrem Kollegen besprechen möchte. Übertragen wäre dies die Situation, in der Sie Ihrem Hund das Kommando geben, etwas nicht zu tun, also nicht in die Küche zu laufen, in die er sonst immer darf.

Stellen Sie sich vor, Sie wollen nicht in das Büro Ihres Kollegen, sondern in das Büro Ihres Vorgesetzten. Sie befinden sich schon an der Tür, haben die Türklinke bereits in der Hand, als Sie plötzlich die Stimme Ihres Vorgesetzten hören: *„Darf ich fragen, was Sie in meinem Büro zu suchen haben?“* Er äußert also Missfallen an Ihrem Verhalten, einfach in sein Büro gehen zu wollen und damit eine Tabuzone zu betreten.

Tabus gegenüber uns Menschen, also uns als Person gegenüber, sind im Bereich der Erziehung anzusiedeln, da sie zum Sozialgeschehen zählen. Tabus hingegen, die sich auf bestimmte Gegenstände oder Orte beziehen, müssen durch Training beigebracht werden. Erst durch unsere Kommunikation kann unser Hund begreifen, welches Verhalten für uns indiskutabel und somit tabu ist.

Durch die unterschiedlichen Bodenbeläge ist die Grenze für Dinari klar erkennbar.

Gegenstände, Orte und Verhalten

Für manch einen Hund ist es schon eine große Herausforderung, die Küchenablage als Tabuzone zu akzeptieren. Für nahezu alle Hunde mit Ambitionen zu jagen, ist es noch eine unsagbar größere Herausforderung zu akzeptieren, dass dies auch zu den Tabus im Zusammenleben mit uns zählt.

Tabus, die sich auf Verhalten hinsichtlich bestimmter Gegenstände oder Orte beziehen, können individuell festgelegt werden. Hilfreich für den Hund ist es, wenn sich innerhalb eines Haushalts alle Familienmitglieder auf einheitliche Tabus einigen. Alle sind sich beispielsweise einig, dass der Hund nicht auf das Sofa darf. Dies ist bei Tabus, die sich auf Verhalten Menschen gegenüber beziehen, nicht zwingend notwendig. Unsere Hunde wissen durchaus zu unterscheiden, bei wem sie sich welche Frechheit erlauben können und bei wem nicht. So geht eine Person vielleicht auf die Forderung des Hundes ein, ihm etwas vom Tisch zu geben und eine andere tut dies nicht, indem sie den Hund ignoriert.

KORREKTUR

JEDER FEHLER WIRD KORRIGIERT

Auch wenn es nur ein Schritt ist, den Anubis aus seinem „Steh“ heraus macht, wird dieser von Pascal korrigiert.

Erforderliche Bedingungen

Führen wir unseren Hund mit Konsequenz durch unseren Alltag, sind wir für ihn ein berechenbarer und damit zuverlässiger Sozialpartner. Führt unser Hund unsere Kommandos stets prompt aus, haben auch wir mit ihm einen solchen.

Vernimmt der Hund ein Kommando, sollte er darauf sofort reagieren. Um diese Erwartung haben zu dürfen, müssen allerdings gewisse Bedingungen erfüllt sein, die im Folgenden besprochen werden.

1. NACHVOLLZIEHBARKEIT

Damit ein Hund ein Kommando ausführen kann, müssen wir es ihm beigebracht haben! Was logisch klingt und nachvollziehbar scheint, ist in meinem Arbeitsalltag leider immer wieder nicht gegeben. Es ist wichtig zu erkennen, ob der Hund ein Kommando begriffen hat oder ob man sich weiterhin darum bemühen muss, dieses beizubringen. Korrigiert man, obwohl der Hund die Bedeutung des Wortes noch nicht verstanden hat, kann dies zu Unsicherheiten auch in Bezug auf uns Menschen führen.

2. EINDEUTIGKEIT

Wir nutzen für eine bestimmte Aktion, die wir seitens des Hundes haben möchte, immer das gleiche Wort. Bitte variieren Sie nicht mit Worten, wenn es um die Kommando-Situation geht. Das schafft unnötig Spielraum für Spekulationen. Verwenden Sie immer das gleiche Wort, das Sie sonst niemals intuitiv äußern sollten (siehe auch S. 14 ff.).

»Zuverlässigkeit führt im Zusammenleben mit dem Hund zu einem harmonischen Miteinander. Dies gilt sowohl für den Menschen, als auch für den Hund.«

3. DEUTLICHKEIT

Angepasst an die Distanz zu unserem Hund und an unsere Umgebung, müssen wir das Kommando laut genug geäußert haben, ohne dabei unnötig auf ihn einzubrüllen. Es macht einen Unterschied, ob unser Hund in zwei oder zehn Metern Entfernung zu uns steht. Auch Geräusche aus der Umgebung sind zu berücksichtigen. Hört man nur das Gezwitscher von Vögeln, läuft man bei starkem Wind am Meer, fährt in der Nähe ein Güterzug vorbei oder fliegt gerade ein Überschallflugzeug über uns und unseren Hund hinweg? Wir haben dafür Sorge zu tragen, dass er das Kommando sicher akustisch vernommen hat.

4. SORGLOSIGKEIT

Generell sollten wir darauf achten, ob unser Hund ein Kommando nicht ausführen will oder ob er es nicht ausführen kann, weil er sich vor etwas fürchtet, Angst oder sogar Panik hat. Wir rufen unseren Hund zu uns, der anderen Hunden gegenüber eher reserviert bis ängstlich agiert. Unser Hund kommt auch in unsere Richtung gelaufen, bleibt dann aber stehen und schaut an uns vorbei. Beim Blick nach hinten erkennen wir, dass sich von hinten mehrere Hunde nähern. In diesem Moment sollten wir versuchen, unseren Hund freundlich zu motivieren, zu uns zu kommen, anstatt mit Nachdruck das Kommando einzufordern. Wir sind mit unserem Hund unterwegs, der, wie wir wissen, Angst vor lauten Geräuschen wie Gewitter oder Schüssen hat. Prinzipiell ist eine gute Vorbereitung schon mal das A und O. Wissen wir, dass es gewittern könnte, bleibt unser Hund entweder an der Leine oder wir verlassen erst gar nicht unser Zuhause. Gleiches gilt natürlich für die Zeit um Silvester oder an anderen Feiertagen oder auch Stadtfesten, an denen üblicherweise Feuerwerk gezündet wird. Sollte auf dem Spazier-

Maja rennt sichtbar sorglos zu ihrem Menschen.

1

2

gang unvorhergesehen ein Schuss fallen und unser Hund möchte in Panik davonrennen oder sich unter ein Gebüsch retten, können wir natürlich versuchen, ihn mit „Name, Nein“ davon abzuhalten. Gelingt dies nicht, sollten wir auch hier versuchen, ihn freundlich zu motivieren, zu uns zu kommen.

5. UNVERSEHRTHEIT

Stellen wir uns vor, wir rufen unseren Hund zu uns und er müsste, um zu uns zu gelangen, über eine Brücke aus Stahlgitter laufen. Bei solchen Konstruktionen, wie sie auch bei Schachtabdeckungen üblich sind, besteht immer die Gefahr, dass sich der Hund an Pfoten oder Krallen verletzt. Sollte es uns nicht möglich sein, den Hund über die Brücke zu tragen, gehen wir zu ihm auf die andere Seite und laufen langsam und vorsichtig mit ihm gemeinsam über diese. Das Verletzungsrisiko ist wesentlich geringer, wenn er nicht zu uns über das Stahlgitter rennt, sondern mit Bedacht darüber läuft. Unter diesen Umständen würde ich sogar, obwohl ich ihn zu mir gerufen habe, versuchen, ihn zu bremsen, damit er nicht über die Brücke rennt und sich dabei gegebenenfalls verletzt.

6. ZUMUTBARKEIT

Soll unser Hund ein Kommando für uns ausführen, muss er dazu physisch und psychisch in der Lage sein!

So würde ich von einem arthrosegeplagten Hund beispielsweise nicht verlangen, dass er sein Kommando „Fuß“ hält, um mir über eine steile Treppe zu folgen. Ich würde ihm körperlich zur Seite stehen und versuchen, ihn bestmöglich bei der Bewältigung der Treppe zu unterstützen, sollte es tatsächlich nicht unumgehbar sein.

Genauso wenig wie ich einen potenten und sexuell hoch motivierten Rüden immer wieder durch ein „Nein“ davon abhalten würde, eine läufige Hündin zu besteigen. Ihn würde ich, wenn möglich, ganz aus der Situation oder zumindest an die Leine nehmen, um ihn nicht noch zusätzlich durch meine Ansprache zu beanspruchen. Bedeutet solch eine Situation für manch einen Rüden doch enormen Stress.

Auch ein „Sitz“ oder „Platz“ auf eiskaltem oder nassem Boden kann für manchen Hund unzumutbar sein, oder ein „Steh“ auf einer Ameisenstraße.

1. Man kann Kimba ihre Unsicherheit deutlich ansehen.

2. Nach freundlicher Ansprache zeigt sie sich wieder entspannt.

Möglichkeiten der Korrektur

Sind alle Voraussetzungen gegeben, dürfen wir die geäußerte Anordnung einfordern, sofern der Hund dieser nicht unverzüglich nachkommt.

An dieser Stelle möchte ich nochmals darauf hinweisen, dass es nicht darum geht, den Hund zu schikanieren, wenn man auf das sofortige Ausführen des Signals beharrt. Es gibt sicherlich genügend Situationen, in denen es ausreichen würde, wenn der Hund erst nach 5 oder auch 10 Sekunden reagiert. Aber es wird auch Situationen geben, in denen es wichtig ist, dass der Hund sofort reagiert, weil es sonst unter Umständen für ihn oder andere gefährlich werden kann, z. B., wenn ein Radfahrer den Berg hinuntergeschossen kommt oder unvermittelt ein Auto um die Ecke biegt. Leider kann der Hund nicht einschätzen, wann er sofort reagieren muss und wann es die Situation erlauben würde, dies verzögert zu tun. So sind wir also zu seinem und zum Schutz anderer dazu verpflichtet, ihm beizubringen, immer sofort zu reagieren.

Sofortiges konsequentes Einfordern der Ausführung des Kommandos ist die Grundlage der Korrektur.

Niemandem gelingt es immer hundertprozentig konsequent zu sein. Mal lässt man dem Hund mehr Zeit, um zu reagieren, mal muss er ein Kommando doch nicht ausführen, z. B., weil man nach Äußerung des Abbruchkommandos erkennt, dass es doch nur ein Apfel ist, den er eigentlich haben kann. Oder man ist z. B. abgelenkt, unterhält sich mit jemandem, während man den Hund zu sich ruft und achtet dann nicht mehr darauf, ob er auch tatsächlich kommt. Oder es ist schlichtweg mühsam, die Aufforderung an den Hund einzufordern, z. B., wenn man ihn aus dem Spiel mit einem Hund abruft und er dies ignoriert. Inkonsequenz unsererseits sollte jedoch möglichst selten im Alltag vorkommen. Denn nur durch konsequentes Handeln bleibt man verlässlich und berechenbar für seinen Hund und somit fair.

Inkonsequenz schafft Willkür, also Verhalten, das vom Hund nicht nachvollzogen werden kann, und dies führt zu Unsicherheit.

Um den Hund dazu zu bringen, missachtete Kommandos doch noch auszuführen, haben wir mehrere Möglichkeiten.

1. AKUSTISCHE KORREKTUR

Die Aufforderung wird nicht wiederholt. Man kann akustisch an die notwendige Ausführung des Kommandos erinnern, z. B. mit Fingerschnippen, Räusperer, Zungenschnalzer oder auch Worten. Bedient man sich eines Wortes, verwendet man jene, die ganz nach der eigenen Intuition in diesem Moment passen.

Lautete die Aufforderung „Name, Hier", sollte der Hund kommen. Tut er dies nicht, könnte man verbal beispielweise wie folgt korrigieren: *„Aber zackig jetzt!"* oder *„Jetzt gib mal Gas!"*

Vermeiden Sie ...
– ... das Kommando zu wiederholen.
– ... eine zu lange zeitliche Spanne zwischen Kommando, Missachtung und Korrektur.
– ... das Kommando in eine intuitive Ansprache einfließen zu lassen: *„Hier her jetzt!"* oder *„Wo ist hier?"* Auch dies käme einer Wiederholung des Kommandos nahe.
– ... den Namen Ihres Hundes in einem ermahnenden oder harschen Tonfall zu verwenden, da der Name an sich schon das Kommando für einen Blickkontakt darstellt. Der Hund soll jedoch nicht schauen, sondern kommen.

2. TAKTILE KORREKTUR

Diese Möglichkeit der Korrektur erfordert eine räumliche Nähe zum Hund, da man ihn sonst nicht zeitnah erreichen kann. Der zeitliche Abstand zwischen Aufforderung, Missachtung durch den Hund und entsprechender Korrektur sollte gering sein, sodass für den Hund der Zusammenhang erkennbar ist. Man kann den Hund am Kopf antippen, am Hinterteil oder am Brustkorb anklopfen, an der Taille nehmen und zurückziehen, an der Brust nach hinten schieben. Wichtig dabei ist ein ruhiges Vorgehen.

Vermeiden Sie ...
– ... eine zu lange zeitliche Spanne zwischen Kommando, Missachtung und Korrektur.
– ... schnelle und hektische Bewegungen – schieben, nicht schubsen; ziehen, nicht reißen!

1

2

3

1. Chinta wird am Gesäß angefasst.

2. Freda am Kopf angetippt.

3. Chinta an der Taille gezogen.

4. Anubis an der Schulter geschoben.

4

1

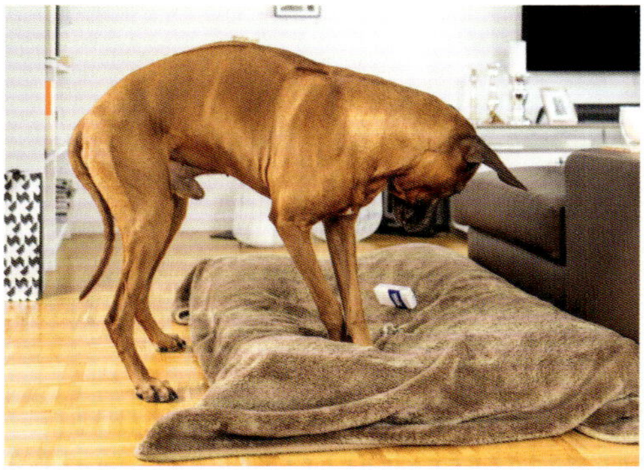

2

3. INSTRUMENTELLE KORREKTUR

Hilfsmittel zum Durchsetzen eines Kommandos kann man vorzugsweise dann verwenden, wenn die Distanz zum Hund so groß ist, dass man ihn persönlich nicht bzw. nicht zeitnah erreichen kann.
Ein Hilfsmittel kann die Packung Taschentücher darstellen, die man neben ihn wirft, weil er sich wieder einmal einen Schuh als Spielzeug schnappen will. Es kann auch ein Tannenzapfen oder die kurze Führleine sein, die man in Richtung des Hundes wirft, weil er sich, trotz ausgesprochener Aufforderung, es zu unterlassen, einen Pferdeapfel einverleiben möchte. Weiterhin stellt die Schleppleine ein Hilfsmittel dar, das man einsetzen kann, um den Hund zu sich zu ziehen, wenn er die Aufforderung zu kommen missachtet.

Optimalerweise variieren Sie in den Möglichkeiten der Korrektur.
Zeigt Ihr Hund bei der Korrektur Furcht, dann wählen Sie unbedingt eine andere Möglichkeit. Es geht nicht darum, dem Hund Angst einzujagen, sondern nur darum, ihm klar zu verstehen zu geben, dass man Sie und Ihre Aufforderungen nicht ignorieren kann. Sollte Ihnen jedoch auffallen, dass eine Korrektur nie oder nur selten eine Verhaltensänderung auslöst, sollten Sie andere Varianten testen.
Achten Sie darauf, dass Ihr Hund nicht immer erst nach einer verbalen Korrektur auf Ihre Kommandos reagiert. Sollten Sie feststellen, dass dies nahezu immer der Fall ist, Sie quasi mit ihm verbal diskutieren, sparen Sie sich den Einsatz der Stimme und verwenden Sie ein Hilfsmittel oder korrigieren Sie taktil.

Tipp

Verwenden Sie die Schleppleine möglichst immer als letzte Variante der Korrektur.

3

1. Bei dem Glas auf Kopfhöhe kann Dinari nicht widerstehen.

2. Er wird mit einer Packung Taschentücher korrigiert.

3. Er lässt von dem Glas ab. Die Korrektur war erfolgreich.

Die Schleppleine ist keine Korrekturleine

Ist man mit einer Schleppleine unterwegs, neigt man gerne dazu, diese als Mittel der Korrektur zu wählen. Schaut der Hund auf eine Aufforderung hin nicht, wird kurz an der Schleppleine gezogen, um den Blickkontakt einzufordern. Reagiert der Hund nicht auf das Kommando, etwas zu unterlassen, wird er mittels der Schleppleine weggezogen. Missachtet er sein Kommando zu kommen, wird er herangeangelt. Behalten Sie immer Ihr Ziel vor Augen, eines Tages ohne Leine unterwegs zu sein. Auch dann wird es Situationen geben, in denen Ihr Hund nicht sofort auf ein Kommando reagieren möchte. Haben Sie bis dahin immer nur mittels der Schleppleine korrigiert, werden Sie sich schwertun, andere Varianten zu wählen. Nutzen Sie also auch die Zeit, in der Sie noch mit der Schleppleine unterwegs sind, um sich selbst darin zu schulen, gegebene Kommandos einzufordern, ohne hierfür die Schleppleine zu nutzen. Nutzen Sie die Schleppleine vielmehr nur als letztes Mittel, wenn alle anderen Möglichkeiten ausgeschöpft sind.

Vermeiden Sie ...
– ... eine zu lange zeitliche Spanne zwischen Kommando, Missachtung und Korrektur.
– ... den Hund zu ängstigen.
– ... die Schleppleine als erstes Instrument der Korrektur zu wählen.

Innerhalb eines Sozialverbandes ist Aggression Bestandteil der Kommunikation, sowohl verbal als auch physisch. Das ist unter Hunden so und

KORREKTUR IM FREILAUF

5 Schritte im Überblick

1. Annette ruft Bruno mit dem Kommando „Bruno, Hier" zu sich.

2. Bruno reagiert nicht und Annette wirft die Führleine in seine Richtung.

3. Die Leine landet in Brunos Nähe, was dieser auch akustisch wahrnimmt.

4. Bruno macht sich daraufhin auf den Weg zu Annette.

5. Annette läuft in seiner Richtung, um die Leine aufzuheben.

darf auch zwischen Mensch und Hund so sein. Es ist legitim, seinen Hund auch verbal zu maßregeln, wenn er etwas getan hat, was er nicht tun soll. Vorausgesetzt, Sie sind sich hundertprozentig sicher, dass er wusste, dass er dies nicht darf. Und Sie dürfen ihn auch mit dem Bein zur Seite schieben, wenn er Ihnen im Weg steht, oder am Hintern anklopfen, wenn er auf eine Aufforderung nicht reagiert. Hunde agieren durchaus sehr körperlich miteinander und müssen, um vom Gegenüber verstanden zu werden, auch Aggression zeigen. Aggression ist aber nicht gleichzusetzen mit Gewalt!

Es geht nicht darum, den Hund zu schädigen oder zu misshandeln, weder psychisch, indem Sie ihn anschreien oder ihm im Nachhinein Zuneigung entziehen, noch physisch, indem Sie ihn gar schlagen, treten oder ihm Nahrung oder Wasser verwehren.

Der Einsatz von Hilfsmitteln, die dem Hund Schmerzen zufügen, wie Stromhalsbänder (Teletakt), Stachelwürger und Zughalsbänder ohne Stopp, darf in der Erziehung und im Training keinen Einsatz finden.

Ganz gleich, welcher Möglichkeit der Korrektur Sie sich bedienen, Sie sollten immer gewaltfrei, schmerzfrei und ruhig agieren.

SCHNELLE UND LANGSAME DESERTEURE

Ganz egal, wie schnell oder wie langsam ein Hund sein Kommando nicht ausführt, es bleibt immer ein Regelbruch. Was die Konsequenzen betrifft, macht es keinen Unterschied. Beide werden die gleiche Korrektur erfahren. Stellen Sie sich vor, Sie geben Ihrem älteren Hund das Kommando „Name, Hier", weil Ihnen ein Mensch mit einem Hund entgegenkommt. Ihr Hund läuft auch eine ganze Zeit gemächlich neben Ihnen und das entgegenkommende Mensch-Hund-Gespann kann an Ihnen vorbeiziehen. Dann allerdings wendet sich Ihr Hund zu diesem um, um noch einen olfaktorischen Eindruck von den beiden zu bekommen. Er tut das so langsam, dass es Ihnen erst auffällt, nachdem Sie zwei Meter Abstand zu Ihrem Hund haben. Auch wenn die Situation, wegen der Sie Ihren Hund zu sich gerufen haben, vorüber ist, hat er doch sein Kommando nicht ordnungsgemäß zu Ende gebracht und auf seine Freigabe gewartet. Bestehen Sie darauf, dass er dies noch tut, indem Sie ihn ermahnen, wieder zu Ihnen zu kommen.

Bei impulsiveren Hunden fällt es den Menschen aufgrund der Geschwindigkeit der Aktionen meist sofort auf, wenn das Kommando nicht ausgeführt wird. Rennt der Hund in Richtung des anderen, wird meist prompt reagiert.

GLEICHE REGELN FÜR ALLE

Hat man mehr als einen Hund, muss man nicht in jeder Situation jedem Hund das gleiche Kommando geben. Uns sollte jedoch klar sein, dass Hunde auch durch Beobachtung lernen. Kann sich Ihr älterer Hund oft die Frechheit herausnehmen, ein Kommando nicht auszuführen, weil Sie nicht darauf beharren, kann dies dazu führen, dass auch Ihr jüngerer Hund die Unerlässlichkeit der Ausführung Ihrer Anordnungen anzweifelt und in der Folge auch häufiger ignorieren möchte.

LOB UND BESTÄTIGUNG

GRENZEN KÖNNEN AUCH IMMATERIELL SEIN

Gioia hat gelernt, die Grundstücksgrenze nicht zu übertreten. Es ist für sie ein Tabu.

Lob in der Erziehung

Getreu dem Motto „Nicht gemeckert, ist gelobt genug", lässt es sich für Hunde untereinander ganz wunderbar miteinander leben. Wenn einer dem anderen auf die Pfoten tritt, wird eben gemeckert, sodass klar ist, dass dieses Verhalten nicht in Ordnung war.

Lob kennen Hunde untereinander nicht. Im Zusammenleben mit ihnen, können wir uns dieser Regel im Hinblick auf die Erziehung durchaus bedienen. Für die Einhaltung von Tabus müssen wir uns beim Hund nicht durch Lob bedanken. Ganz gleich, ob es sich dabei um Tabus uns als Person betreffend handelt oder bezogen auf Gegenstände und Orte. Vielmehr wird, ganz hündisch, auch unsererseits gemeckert, wenn die Manieren seitens des Hundes zu wünschen übrig lassen oder beigebrachte Regeln nicht eingehalten werden. Folglich müssen wir unseren Hund weder dafür loben, wenn er sich uns gegenüber benimmt, z. B. an der Tür nicht drängelt oder artig wartet, bis wir sein Essen abgestellt haben, noch dafür, dass er z. B. von uns deklarierte Tabuzonen nicht betritt. Auch hier vorausgesetzt, dass wir ihm dies ihm Rahmen unserer Erziehungsarbeit vermitteln konnten.

Enisa wartet vor dem Futternapf. Eine Selbstverständlichkeit, deshalb wird auch nicht gelobt.

»Für jeden Hund ist Verhalten in Ordnung, das nicht korrigiert wird.«

Lob im Training

Wir loben während des Trainings nicht, weil der Hund etwas gut gemacht hat, sondern, um ihm etwas beizubringen. So loben wir zunächst auch, wenn wir den Hund in der Lernphase korrigieren müssen. Hat der Hund die Kommandos verstanden, loben wir nicht mehr jede Ausführung, sondern willkürlich.

Lobende Worte dienen als Erklärungen. Durch Lob können wir unserem Hund zum einen vermitteln, dass wir eine von ihm von sich aus gezeigte Aktion befürworten. Beispielweise, wenn er auf dem Spaziergang von sich aus zu uns kommt, ohne dass wir ihn dazu durch eine intuitive Ansprache oder ein Kommando aufgefordert haben. Zum anderen können wir ihm dadurch Kommandos beibringen. Zeigt er auf ein von uns gewähltes Wort hin die Reaktion, die wir uns vorstellen, loben wir ihn, um ihm zu erklären, dass er die richtige Reaktion zeigt. Versteht er dies, lernt er, was das Wort bedeutet und wird zukünftig auf dieses hin immer diese Reaktion zeigen.

In der Folge bedeutet das, dass wir das Lob weniger anwenden, wenn wir erkennen, dass unser Hund das Kommando verstanden hat. Dann loben wir nicht mehr jedes Mal, wenn er das Kommando ausführt (und beibehält), sondern wahllos. Kommen wir mit unserem Hund in eine Situation, in der es für ihn besonders schwierig ist, das Kommando auszuführen, weil die Ablenkung für ihn sehr groß ist, und er führt das Kommando so aus, wie wir es uns vorstellen und ohne Ablenkung beigebracht habe, macht es natürlich Sinn, ihn zu loben. Würden wir das stetige Loben beibehalten, was zu Beginn des Beibringens notwendig ist, käme dieses einem „Dankeschön" gleich. Bedanken müssen wir uns bei unserem Hund in dieser Situation nicht, sollte es doch eine Selbstverständlichkeit sein, dass er das Kommando ausführt. Wir würden uns ja auch nicht bei unserem Kind bedanken, wenn wir ihm auftragen, vor dem Zubettgehen noch die Zähne zu putzen.

LOB DURCH WORTE

Geht es darum, dem Hund Worte beizubringen, die eine Bedeutung für ihn bekommen und für ihn zu Kommandos werden sollen, müssen wir loben. Das Lob durch Worte ist dabei allem anderen vorzuziehen, da man hierdurch am schnellsten zum Erfolg kommt. Denn durch unsere Stimme können wir unsere Gefühle transportieren und ganz einfach vermitteln, dass wir mit etwas zufrieden sind. Wir loben, um etwas beizubringen, was Erklärungen beinhaltet. Dabei gilt natürlich, auf den Tonfall zu achten. Dieser sollte weder zu tief noch zu hoch sein. Vor allem Letzteres wird

Ist der Hund klein, muss man sich zu ihm hinunterbeugen.

Duke wartet, bis Michael ihm das Leckerchen gibt.

häufig empfohlen, mitunter auch schon bei der Äußerung des Kommandos, damit der Hund uns interessanter findet als alles andere. Für manch einen mag das nun etwas hart klingen, aber unser Hund soll nicht zu uns kommen, weil er uns interessanter findet, sondern einfach aufgrund der Tatsache, dass wir ihm das Kommando gegeben haben. Ist die Zeit auf dem Spielplatz für Ihr Kind zu Ende und Sie fordern es entsprechend auf, zu Ihnen zu kommen, haben Sie doch sicher die gleiche Erwartung. Niemand käme es in den Sinn, wie er sich als Elternteil interessanter machen könnte, als es das Vergnügen auf dem Spielplatz für das Kind verständlicherweise ist.

Hinsichtlich des Lobes sollten wir auf eine zu hohe Tonlage verzichten, da die Situation sonst einen spielerischen Charakter bekommt. Es geht aber darum, dem Hund etwas beizubringen, was nichts mit Spielen zu tun hat. Wählen Sie also zum Loben einen neutralen, freundlichen Tonfall und sprechen Sie in einem ruhigen Ton.

Denken Sie daran, dass das verbale Lob nur noch beliebig und nicht mehr kontinuierlich gegeben wird, wenn der Hund das Kommando begriffen hat.

LOB DURCH LECKERCHEN

Bei manchen Fellen kommt man gar nicht um deren Einsatz herum, bei anderen ist deren Nutzung zum Erlernen von Kommandos dagegen eher kontraproduktiv.

Man sollte Leckerchen als Hilfsmittel verwenden, wenn der Hund verbales Lob nicht versteht. Achten Sie auf die Reaktion Ihres Hundes, wenn Sie mit ihm interagieren und ihn mit Ihrer Stimme loben. Zeigt er auf freundliche Worte keine Reaktion, verwenden Sie ein Leckerchen als Unterstützung, sozusagen als Übersetzung des verbalen Lobes. Loben Sie während der Gabe auf jeden Fall verbal, um verständlich zu machen, dass diese Worte bzw. Worte in dieser Tonalität positiv sind. Pro ausgeführtem Kommando ist ein Leckerchen ausreichend.

Wenn wir unserem Hund das Kommando mit der Bedeutung „Komm zu mir, bleibe bei mir, auch, wenn ich mich bewege, bis ich das Kommando auflöse bzw. freigebe“ beibringen möchten, gehen wir folgendermaßen vor:

Das Kommando ist in den Beispielen mit dem Wort „Hier“ belegt, die Freigabe mit dem Wort „Frei“. Der Hund trägt den Namen „Lina“.

Das Kommando ist bekannt

Lina hat bereits begriffen, dass sie auf das Kommando „Hier" kommen muss. Sie muss aber noch lernen, uns zu begleiten, also während des Kommandos maximal die Distanz einer Armlänge zu uns aufzubauen und auf ihre Freigabe zu warten.

– Wir rufen also: „Lina, Hier". Das Leckerchen haben wir schon zwischen den Fingern. Lina darf die ganze Zeit, während wir einzelne Schritte machen, an dem Leckerchen schlecken oder auch davon abbeißen. Wir halten es ihr also direkt vor die Schnauze, sodass sie es gut erreichen kann. Springt Ihr Hund hoch, um an das Leckerchen zu kommen, halten Sie es zu weit oben. Sollten Sie einen kleinen Hund haben, müssen Sie sich auf seine Höhe hinunterbeugen.

– Zum Üben sind fünf bis acht Schritte ausreichend. Diese machen wir aber nicht nur geradeaus, sondern auch mal zur Seite oder nach hinten, sodass Lina tatsächlich lernt, dass sie immer an unserer Seite bleiben muss und das Kommando nicht nur beim Geradeauslaufen gilt.

– Wir loben jeden Schritt, den Lina mit uns mitläuft unbedingt auch verbal: „Fein, Hier", „Prima, Hier", „Super, Hier", „Klasse, Hier". Variieren Sie Ihre Worte, wichtig ist Ihr Tonfall. Dann bekommt Lina das Leckerchen.

– Achten Sie bei der Auswahl des Leckerchens darauf, dass es nicht zu groß ist und auch nicht zu fest, sodass der Hund es zerkauen muss, bevor er es schlucken kann. Er würde sich dabei in den Genuss des Leckerchens vertiefen und das Kommando völlig aus dem Sinn verlieren. Optimalerweise schluckt er es gleich oder beißt es maximal einmal durch.

– Hat Lina das Leckerchen hinuntergeschluckt, sollten wir sie dazu motivieren, noch mindestens einen weiteren Schritt mit uns mitzugehen, bevor wir sie dann mit „Lina, Frei" entlassen. Die Freigabe sollte nach Möglichkeit nie gleichzeitig mit der Gabe des Leckerchens erfolgen, damit der Hund nicht denkt, dass eine Aufgabe beendet ist, sobald er das Leckerchen erhalten hat.

Das Kommando ist noch unbekannt

Lina kennt das Kommando „Hier" noch nicht. Wir machen zunächst auf uns aufmerksam und sprechen Lina intuitiv an: *„Mäuschen, komm mal schnell!"* Wenn Lina sich auf den Weg zu uns

1

2

3

macht und wir ziemlich sicher sind, dass sie auch bei uns ankommen wird, folgt das Kommando „Lina, Hier". Danach wird die Übung weiter aufgebaut, wie bereits beschrieben.
Man sollte kein Leckerchen zum Beibringen eines Kommandos verwenden, wenn der Hund nur auf dieses fixiert ist und das verbale Lob ohne offensichtliche Wahrnehmung an ihm vorbeizieht.
Essen sollte weder zur Bestechung dienen, noch als Erpressung genutzt werden, sondern nur als Übersetzung, wenn der Hund verbales Lob noch nicht versteht.

Auf Leckerchen verzichten

Sobald Sie sehen, dass Ihr Hund Ihre lobenden Worte als solche begriffen hat, können Sie auf Leckerchen verzichten. Das macht auch im Hinblick auf die Gesundheit Ihres Hundes Sinn. Ständige Gaben von Essen über den Tag verteilt, lassen den Zucker- und in der Folge den Insulinspiegel im Blut immer wieder ansteigen. Geben Sie Ihrem Hund lieber im Anschluss an eine Mahlzeit zusätzlich etwas zum Nagen oder einfach eine Leckerei, als zwischendurch immer wieder kleine Happen. Darüber hinaus wird es für den Hund irgendwann wie ein Tauschgeschäft werden und er wird immer abwägen, ob er sich sein Leckerchen abholt oder doch lieber anderen Dingen nachgeht, die für ihn von Interesse sind, wenn man kontinuierlich weiterhin Leckerchen gibt.
Von den fünf, von mir als notwendig beschriebenen Kommandos, macht nur bei dem Kommando mit der Bedeutung – Komm zu mir, bleibe bei mir, auch, wenn ich mich bewege, bis ich das Kommando auflöse bzw. freigebe – die Gabe von Leckerchen Sinn. Alle anderen vier Kommandos können und sollten ohne die Verwendung von Leckerchen beigebracht werden.
Sollten Sie weitere Kommandos beibringen wollen, überlegen Sie sich, ob Essen für Ihren Hund hilfreich ist oder nicht.
Meine Hunde bekommen Leckerchen entweder einfach so, ohne dass sie dafür irgendetwas tun müssen, einfach weil ich sie liebhabe, oder für Verhalten, das sie zeigen und welches ich bestärken will, z. B., wenn uns auf dem Spaziergang ein Hund entgegenkommt und sie daraufhin von sich aus zu mir kommen.

4

5

1. Mona ruft: „Bella, Hier".

2. Das Leckerchen dient als Übersetzer des verbalen Lobs.

3. Bella bekommt das Leckerchen.

4. Bella soll noch einen weiteren Schritt mitkommen.

5. Dann bekommt sie ihre Freigabe.

LOB DURCH STREICHEL-EINHEITEN

Streicheln wir unseren Hund, während er ein Kommando ausführt, entsteht für ihn unter Umständen ein Widerspruch in der Interaktion. Dies kann sogar soweit führen, dass seine Konzentration auf dessen Ausführung nachlässt, es sogar ganz vergisst und in der Folge davonlaufen möchte, wenn wir die Streicheleinheit beendet haben. Möchten Sie Ihren Hund streicheln, dann tun Sie dies, nachdem Sie das Kommando wieder freigegeben haben. So bleibt die Kommunikation eindeutig und ist für Ihren Hund nachvollziehbar und es kommt zu keinem Missverständnis.

1

1. Ein kleiner Streichler nach der Freigabe.

2. Spielen macht Freude, aber man kann dadurch nichts beibringen.

3. Anibus liebt seinen Ball sehr.

2

3

LOB DURCH SPIELEINHEITEN

Lob durch Spiel kann im Anschluss an eine Handlungskette angewendet werden. Hat der Hund beispielsweise einen Menschen beim Trailen gefunden oder der Polizeihund Drogen im Koffer eines Reisenden, kann im Anschluss ausgiebig gespielt werden. Mit Spiel kann aber kein Kommando beigebracht werden. Vielmehr könnte es den Hund sogar verwirren.
Stellen Sie sich vor, Sie geben Ihrem Hund das Kommando, dass er zu Ihnen kommen und bei Ihnen bleiben soll. Sobald er bei Ihnen ist oder etwas später, wenn er neben Ihnen herläuft, beginnen Sie ein Spiel mit ihm, ohne das Kommando vorab aufgelöst zu haben. Es sollte jedem einleuchten, dass dies keinen Sinn ergibt.
Lob durch Spiel oder Streicheleinheiten ist nicht sinnvoll, um Kommandos beizubringen, und kann überdies kontraproduktiv sein. Ob Lob mit Leckerchen Sinn macht oder sein muss, ist individuell und bedarf Ihrer Einschätzung.

VERHALTEN, DAS GELOBT WIRD

Wir müssen unsere Hunde loben, um ihnen Kommandos beizubringen. Das Abbruchsignal ist die einzige Ausnahme. Wenn ich meinem Kind sage, dass es jetzt keinen Keks mehr essen soll und mein Kind befolgt dies, bedanke ich mich dafür weder bei ihm, noch bekommt es dafür ein Stück Schokolade.

Darüber hinaus lobe ich Verhalten, das meine Hunde von sich aus zeigen, um sie darin zu bestärken. Wenn sie auf dem Spaziergang von sich aus zu mir kommen oder auch auf mich warten, lobe ich sie dafür, hin und wieder auch mit Leckerchen.

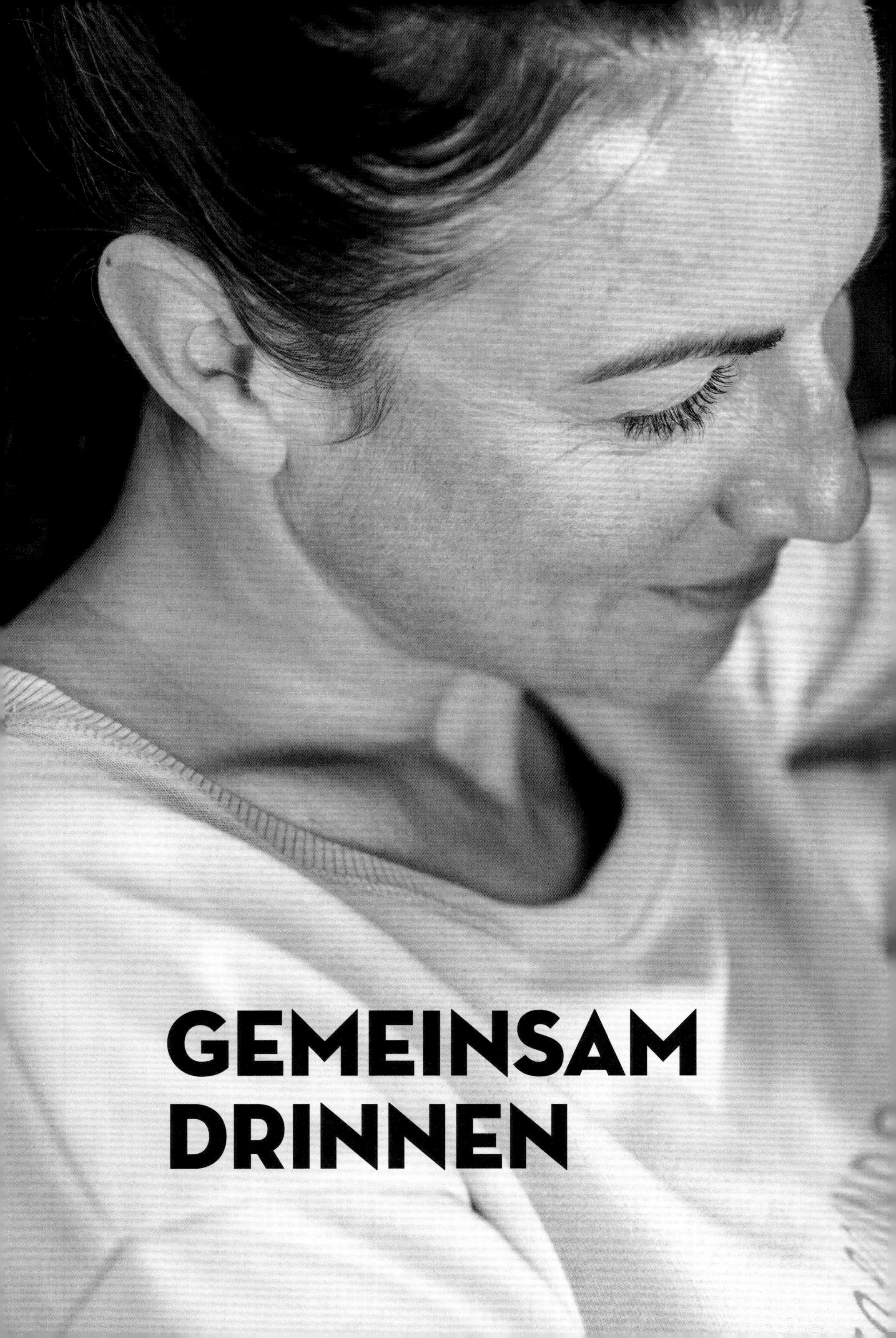

GEMEINSAM DRINNEN

AN ERSTER STELLE STEHT DIE ERZIEHUNG

Es gibt viele gut trainierte Hunde, die allerdings nicht tun, was ihre Menschen möchten, weil ihre Erziehung (aus Unwissenheit) vernachlässigt wurde.

Zuhause – der beste Ort, um zu erziehen

Zu Hause verbringen wir wohl die meiste Zeit mit unseren Hunden. Der beste Ort, Verhaltensregeln für bestimmte Situationen festzulegen und ihn zu erziehen.

Mein großes Anliegen ist, Ihnen zu vermitteln, den Hund weniger als Hund zu sehen. Lassen Sie sich von Ihrem Hund nicht mehr bieten, als Sie es sich von einem Menschen bieten lassen würden. Dann sind Sie schon auf einem guten Weg. Und gelingt es Ihnen darüber hinaus, sich selbst wichtiger zu nehmen, als jede andere Persönlichkeit in Ihrem Umfeld, ohne dabei empathielos und ignorant über die Bedürfnisse anderer hinwegzugehen, dann haben Sie die beste Basis, um sich Ihrem Hund gegenüber als verlässlicher, respektabler, fürsorglicher und liebender Sozialpartner darzustellen.

TRAINING ERSETZT KEINE ERZIEHUNG

Die Erziehung des Hundes bleibt in der Regel jedem selbst überlassen, vor allem im Alltag zu Hause. Für bestimmte Situationen werden Empfehlungen zu Abläufen gegeben, für Kommandos, die der Hund dann ausführen soll. Allerdings sind dies oftmals Situationen, die wir nutzen können, um ganz ohne Kommandos zu klären, wer wir sind und welches Verhalten wir vonseiten des Hundes zulassen. Geben wir in diesen Situationen ein Kommando, führt das dazu, dass uns Frechheiten gar nicht auffallen können und wir uns so selbst der Möglichkeit des Erziehens berauben. Frechheiten sind keine Boshaftigkeiten. Frechheiten gehören in einem Sozialverband dazu. Sollte der Hund sich uns gegenüber frech verhalten, ist es völlig unnötig, darauf mit Härte zu reagieren. Unser Hund soll sich uns gegenüber aus Respekt und nicht aus Angst angemessen verhalten. Viele Menschen haben den Blick hierfür verloren, vielleicht auch, weil sie ihren Hund als eigenständige Persönlichkeit nicht gänzlich ernst nehmen. Wobei mir die Einstellung dem Hund gegenüber oft ambivalent erscheint.

Wichtig

Finden Verhaltensregeln im Haus vonseiten des Hundes keine Beachtung, setzt sich dies in aller Regel auch draußen fort.

1

1. Amy bleibt auch ohne Leine an Dagmars Seite.

2. Anubis und Duke laufen auch mit Leine entspannt nebeneinander.

Hunde werden oft unterschätzt

Auf der einen Seite wird er mit Aufmerksamkeit, Streicheleinheiten, bespaßenden Aktivitäten, Spielzeug und teilweise auch Leckerchen überschüttet. Man macht sich Gedanken, wie man den Hund bestmöglich auslasten kann. Manch ein Hund hat einen ähnlich großen Kleiderschrank, wie sein Mensch: Halsbänder, Leinen, Pullover, Mäntel. Manchmal vermutet man, ist der Hund eher ein Prestigeobjekt, ein wandelnder Kleiderständer, und kein Familienmitglied, dessen Bedürfnisse tatsächlich wahr- und ernstgenommen werden.
Auf der anderen Seite scheint es wiederum „nur" ein Hund zu sein, der jeden Tag stundenlang allein zu Hause warten muss, der über Jahre hinweg das gleiche Essen bekommt, der alle drei Monate seine Wurmkur erhält, ohne zu überprüfen, ob dies überhaupt notwendig ist, der zum Schutz vor Parasiten regelmäßig sein Nervengift ins Fell oder auch oral verabreicht bekommt, der ohne medizinische Indikation und damit Notwendigkeit kastriert wird, der in seinem Sozialverhalten völlig unterschätzt wird und den man vermeintlich nur durch Kommandos lenken kann.
Hunde sind uns, was das Sozialgeschehen betrifft, in der Regel haushoch überlegen. Sie tun Dinge, die uns nicht auffallen, die aber eine nicht geringe Relevanz für das Zusammenleben im Sozialverband haben. **Wenn es uns gelingt, achtsamer mit ihnen zu agieren, werden uns diese Verhaltensweisen auffallen. Und wenn wir intervenieren, werden unsere Hunde darauf adäquat reagieren.**

Gemeinsam unterwegs

Hundeerziehung ist primär ein innerfamiliäres Thema. Wir erziehen unsere Hunde, damit sie sich uns, also ihren Menschen gegenüber so verhalten,

2

wie wir uns das wünschen. Das Verhalten anderen gegenüber können wir stets beeinflussen und muss nicht grundsätzlich geklärt werden, wobei es die Teilhabe am gesellschaftlichen Leben natürlich erleichtert. Hunde sind im Grunde immer gemeinsam mit uns unterwegs. Sie werden sich nie allein und damit selbstständig in der Gesellschaft bewegen, auch im Greisenalter nicht. Dies ist einer der Unterschiede zur Kindererziehung. Somit haben wir immer die Möglichkeit, auf sie einzuwirken. Würden wir uns mit unserem Hund nur innerhalb der eigenen vier Wände aufhalten bzw. uns draußen ohne jeglichen gesellschaftlichen Kontakt bewegen, wäre es nicht notwendig, unsere Hunde zu trainieren. Denn im Normalfall besteht hier keine Eile und wir könnten mit ihnen rein durch intuitive Ansprache, sowie Mimik und Gestik interagieren. Training, also das Beibringen von Kommandos, ist nötig, damit der Hund schnell auf eine Ansprache von uns reagiert. Das ist nur möglich, wenn er die Bedeutung bestimmter Worte verstanden hat. Dann kann er uns im Alltag begleiten, ohne dabei sich oder andere in Gefahr zu bringen, und wir dürfen gemeinsam mit ihm größtmögliche Freiheit erfahren.

Charlie ist frei und hat Spaß in seinem liebsten Element.

Schlüsselmomente

Jeder kennt sie, Szenen im Alltag, in denen man seinem Hund ein Kommando gibt, weil er sich nicht so verhält, wie man es sich für sich und andere wünscht.

Oftmals einfach Unsicherheit oder Unwissenheit geschuldet, wie wir uns unserem Hund gegenüber in diesen Situationen verhalten sollen, bringen wir ihn durch ein Kommando dazu, sein Verhalten zu ändern.
Auf den folgenden Seiten werde ich Ihnen Situationen beschreiben, die auch Sie bestimmt aus Ihrem Alltag kennen und erklären, wie Sie diese in Zukunft ganz ohne Kommando lösen können, mit dem Erfolg, dass Ihr Hund Sie in Zukunft anders wahrnehmen und reagieren wird als bisher. Denn dann wird aus einem gut trainierten Hund im Handumdrehen ein gut erzogener.

ES IST ZEIT FÜRS ESSEN

Jeder Hund bekommt hoffentlich jeden Tag, vielleicht mit Ausnahme eines Fastentages, Nahrung. Ob man sich dabei an feste Zeiten hält oder zeitlich lieber variiert, ist Geschmackssache. Wenn es immer zu festen Zeiten Essen gibt, wird sich der Hund daran gewöhnen und dann unter Umständen auch etwas unleidlich werden, wenn sich die Zeit ausnahmsweise mal verschieben sollte. Das ist auch bei vielen Menschen so, die immer um die gleiche Zeit ihre Mahlzeiten zu sich nehmen.
Ob man vor oder nach dem Spaziergang füttert, sollte individuell abgewogen werden. Manch ein Hund ist gelassener, wenn er vor dem Spaziergang schon eine Mahlzeit im Bauch hat, andere müssen zumindest eine Kleinigkeit essen, weil ihnen sonst übel wird, wieder andere sollten aufgrund

ESSEN VORENTHALTEN

Dem Hund nichts zu essen zu geben, damit er dann auf dem Spaziergang besser folgt, halte ich für keine gute Idee. Dies könnte man schon als Erpressung betiteln. Entweder der Hund folgt, dann bekommt er etwas zu essen, oder er muss eben hungern. Kein schöner Umgang! Oder würden Sie einem Kind eine Mahlzeit vorenthalten, weil es mal über die Stränge geschlagen hat?

1

2

der Möglichkeit einer Magendrehung eher nach dem Spaziergang essen. Die Studienlage zum Thema Magendrehung beim Hund ist rar. Es scheinen wohl eher ältere Rüden von Rassen mit großem Brustkorb dazu zu neigen. Ich persönlich würde das Alter, die Statur, den Bewegungsdrang und mögliche Verhaltensauffälligkeiten auf dem Spaziergang in meine Überlegungen zur Fütterungszeit einbeziehen. Wird dem Hund übel, wenn er morgens nichts bekommt, sollte man ihm natürlich zumindest eine Kleinigkeit anbieten. Wobei es immer Sinn macht, der Ursache hierfür auf den Grund zu gehen.

Hunde, die auf der Straße gelebt haben, können es oftmals nicht ablegen, auch weiterhin draußen nach Essbarem zu suchen. Auch hier macht es eventuell Sinn, ihnen schon eine Kleinigkeit zu geben, bevor man nach draußen geht. Rennen und toben Hunde viel, würde ich nach Möglichkeit dafür sorgen, dass nach einer Mahlzeit erst einmal geruht wird. Entscheiden Sie also individuell, was gut für Ihren Liebling ist.

Regeln vor dem Essen

Nicht selten müssen Hunde, bevor sie essen dürfen, ein Kommando wie z. B. „Sitz" ausführen. Sie dürfen erst zu ihrem Napf, wenn dieses „Sitz" aufgelöst wurde, z. B. durch „Los". Manchmal wird auch auf das statische Kommando verzichtet und der Hund muss einfach warten, bis er das Signal „Los" hört.

Die Gründe für dieses Kommando sind auf Nachfrage vielfältig, aber letztlich immer dieselben. Der Hund soll nicht wild herumspringen, er soll nicht an seinem Menschen hochspringen, er soll seinen Kopf nicht in den Napf strecken, bevor dieser positioniert wurde, es wurde so empfohlen, man hat es schon immer so gemacht. Er soll wissen, von wem er sein Essen bekommt, die Abhängigkeit soll ihm bewusst gemacht werden. Mitunter besteht auch die leise Hoffnung, dass er, wenn er dieses Kommando in dieser Situation ausführt, vielleicht auch draußen in anderen Situationen besser auf die Ansprache seines Menschen reagiert.

1. Milow wartet auf sein Essen.

2. Er beginnt erst, als Petra ihre Hände weggenommen hat.

Ich bin der Meinung, dass Hunde sich durchaus freuen dürfen, wenn sie ihr Essen bekommen, und sie dürfen dabei auch herumspringen. Gerade sehr junge Hunde können es meist kaum erwarten, dass sie ihre Energiespeicher endlich wieder füllen können, um diese nach dem Essen meist postwendend wieder zu leeren. Ich würde ihre Freude nicht schmälern wollen, indem ich sie durch ein Kommando auf einen Platz bzw. in eine Position verweise. Sollte sich unter meinem Hund während des Wartens eine Speichellache bilden, würde ich ehrlicherweise wahrscheinlich von diesem Grundsatz abweichen. Klar ist jedoch, dass man mit einem Kommando die Situation nicht löst, sondern sie umgeht. Ihr Hund kann sich Ihnen gegenüber nicht mehr frech verhalten, da Sie ihn der Situation entziehen. Wenn er sein Kommando ausführt, hat dies keinerlei Bedeutung und Auswirkung auf sein restliches Verhalten. Er wird es ausführen, weil er weiß, dass er nur dann auch essen darf.

1

2

1. Enisa und Gioia freuen sich auf ihre frische Mahlzeit.

2. Enisa wartet, bis ich meine Hand wegnehme.

Meine Regel vor dem Essen

Es gibt auch bei mir Regeln, um genau zu sein, eine Regel in dieser Situation: Es wird erst gegessen, wenn der Napf dort steht, wo er stehen soll und meine Hände sich nicht mehr am Napf befinden. Das bedeutet, dass der Hund nicht an mir hochzuspringen hat, wenn ich das Essen zubereite, dass er nicht zu rempeln hat, wenn der Napf sich dem Boden nähert, und dass sein Kopf erst in die Schüssel darf, wenn diese am Boden bzw. in der Halterung steht und ich mich entferne. Ich würde mir auch nicht von einem Kind am Hosenbein oder Pullover rumzerren lassen, damit ich das Essen zügiger zum Tisch bringe, würde mir die Schüsseln nicht einfach aus der Hand reißen lassen und wäre auch nicht erfreut, wenn man schon mit dem Essen beginnt, obwohl ich noch dabei bin, dieses auf dem Teller anzurichten.

Wie hält man den Abstand ein?

Sollte der Hund sich nicht benehmen, und vor allem bei Welpen ist dies am Anfang bis auf Ausnahmen, die dies schon beim Züchter gelernt haben, immer der Fall, schiebt oder zieht man ihn ruhig und gelassen ein Stück weg und wiederholt dies so lange, bis der Hund es akzeptiert. Akzeptanz würde in dieser Situation bedeuten, dass er nicht mehr in Richtung seiner Schüssel tendiert, also mit gebührendem Abstand zu dieser steht, sitzt oder eben herumhüpft.

Wichtig ist, dass wir ihn nicht permanent in dieser Situation halten, also ihn z. B. nicht an seinem Halsband fixieren oder ihn mit der Hand an seiner Brust auf Abstand halten, sodass er nicht mehr näherkommen kann. Er soll von sich aus dort bleiben, bis wir den Napf abgestellt und die Hände von der Futterschüssel weggenommen haben. In dem Moment darf der Hund zu seinem Napf und essen. Wie groß die Distanz zur Futterschüssel ist, spielt dabei keine Rolle.

Lernen, sich zurückzunehmen

Stellen wir uns vor, wir bereiten das Essen für unseren Hund in der Küche zu, der reguläre Platz zum Essen befindet sich allerdings im Flur. Unser Hund darf uns gerne in die Küche begleiten. Wenn er uns im Weg ist, muss er uns Platz machen (siehe S. 77). Verlassen wir die Küche, darf er schon vor uns durch den Türrahmen. Hat er den Moment allerdings verpasst und kann nur noch hinter uns gehen, sollte er nicht drängeln, um doch noch vor uns hinauszuwitschen. Beim Abstellen seines Essens sollte er einen gebührenden Abstand wahren. Für mich wären schon zehn Zentimeter ausreichend. Wir sollten einfach das Gefühl haben, dass er wartet, bis wir fertig sind.

Das Ziel ist, dass der Hund sich insoweit zurücknimmt, dass er eben von sich aus wartet, wo und wie auch immer, bis wir den Napf an der entsprechenden Stelle platziert haben. Es geht nicht darum, ihm die Freude am Essen zu nehmen, sondern nur darum, dass er sich uns gegenüber respektvoll verhält. Wenn wir ihm hierfür ein Kommando geben (müssen), hat dies nichts mit Respekt zu tun, sondern ist eine reine Konditionierung.

Wichtig

Agiert Ihr Hund schnell, reagieren Sie trotzdem besonnen und schieben ihn zurück.

Zuhause darf Enisa auch auf der Lounge liegen, wenn wir essen.

Im Übrigen ist ein Hund, der am Tisch bettelt, in meinen Augen nicht frech. Schließlich fragt er ja freundlich, ob er etwas abbekommen kann. Frech wäre er, wenn er sich einfach etwas vom Tisch nehmen würde, vorausgesetzt, er hat gelernt, dass er das niemals darf. Gleiches gilt auch für die Küchenablage. Für den Hund ist es nicht von Natur aus logisch nachvollziehbar, dass selbige eine Tabuzone darstellt. Das muss man ihm beibringen, wenn man den Anspruch an seinen Hund hat, dass er sich nicht auf der Küchenablage aufhält oder sich von dieser bedient.

ES IST ZEIT FÜR UNS, ZU ESSEN

Haben Sie auch einen vierbeinigen Staubsauger, der, während Sie kochen oder essen, immer im Standby-Modus ist, um aktiv zu werden, sobald Ihnen etwas herunterfällt? Naturgemäß muss er davon ausgehen, dass wir dieses noch essen möchten. Wenn einem Artgenossen beim Essen etwas herunterfällt, wird sich der andere sehr gut überlegen, ob er ihm den Brocken vor den Füßen wegschnappt. Das sollte in der Konstellation mit uns Menschen nicht anders sein. Sollte sich unser Hund den Essensrest einfach holen wollen, können wir ihn entweder akustisch ermahnen oder auch taktil davon abhalten. Das Gleiche gilt übrigens, wenn etwas vom Essen für unseren Hund herunterfällt oder einzelne Leckerchen beim Füllen des Leckerlibeutels. Auch hier wäre es frech, wenn der Hund sich darauf stürzt. Er kann schließlich nicht wissen, ob wir das nicht selbst essen möchten. Stellen wir uns vor, wir sitzen am Tisch und essen ein Käsebrot. Uns fällt ein Stück herunter, was unser Hund auch bemerkt und sich postwendend auf den Weg macht, um sich den Krümel zu holen. Schon während er sich auf den Weg macht, könnten wir ihn durch intuitive Ansprache ermahnen, z. B. mit *„Aber ja nicht!“* Oder wir warten, bis er dem Krümel nahegekommen ist und schieben ihn dann weg. Sollte er das erste Zurückschieben nicht akzeptieren und nochmals Kurs auf den Krümel nehmen, wiederholen wir den Vorgang, bis wir die Akzeptanz erkennen können, z. B. indem unser Hund sich gänzlich vom Tisch entfernt oder sich in gebührendem Abstand aufhält. Natürlich mit dem Hintergedanken, sich den Krümel doch noch zu holen, wenn wir den Tisch verlassen haben.

Essen freigeben

Wenn es für Sie in Ordnung ist, dass Ihr Hund sich z. B. das Stück heruntergefallenen Käse unter dem Esstisch, das Stück Gulasch, das Ihnen beim Kochen aus der Pfanne gehüpft ist oder auch das Leckerli, das versehentlich auf dem Boden gelandet ist, holt, müssten Sie ihm dies entweder durch ein klares Signal oder auch durch eine intuitive Ansprache vermitteln. Als Signal eignet sich jenes, mit dem Sie auch andere Kommandos auflösen bzw. wieder freigeben. Bei der intuitiven Ansprache seien Sie ganz Sie selbst: *„Nimms ruhig!“*, *„Na, hols Dir!“* sind Beispiele, die ich verwenden würde. Stellen wir uns vor, wir stehen in der Küche und uns ist ein Stück Wurst auf den Boden gefallen. Unser Hund kommt in die Küche und sieht den Leckerbissen. Er läuft aber nicht darauf zu, sondern hält Abstand und schaut uns eventuell sogar an. Ein guter Moment, um ihm zu gestatten, die Wurst zu nehmen – entweder durch ein Kommando „Name, Los“ oder durch intuitive Ansprache *„Hols Dir!“*, wobei viele Hunde in einer solchen Situation lieber auf Nummer sicher gehen und auf ihr Freigabekommando warten. Nicht, dass sie aufgrund eines Missverständnisses dann doch noch Ärger bekommen.

1

2

1. Dinari fragt, ob er sich das Stück Wurst holen kann.

2. Fabienne erlaubt es ihm: „Dinari, Frei“.

Weggegangen …

Ist uns etwas heruntergefallen und wir haben den Ort des Geschehens verlassen, dann dürfte unser Hund sich das am Boden liegende Essen nehmen, ohne dass wir ihm dies aktiv gestatten. Dann darf er ganz selbstverständlich seiner Berufung als Staubsauger nachkommen. Genauso, wie es auch in einem Zusammenleben mit einem Artgenossen wäre. Verlässt einer der beiden seinen Essensplatz, ist es keine Frechheit der Hunde untereinander, wenn der andere nachsieht, ob es noch etwas Schmackhaftes zu holen gibt.

Ich wäre auch nicht erfreut, wenn mir etwas von meinem Teller auf den Tisch hinunterrutscht und mein Kind oder Partner dann das Stück wie selbstverständlich mit der eigenen Gabel aufspießt und verspeist. Muss er oder sie doch auch davon ausgehen, dass ich es trotzdem noch essen möchte, auch wenn es bereits auf der Tischplatte lag. Wenn ich meinen Teller aber abgeräumt habe und nicht mehr am Tisch sitze und dieses Stück Lebensmittel noch immer dort liegt, wird jeder berechtigterweise davon ausgehen, dass ich daran kein Interesse mehr habe und sich entsprechend bedienen.

Es gibt Leckerchen, weil ich sie lieb habe.

1

2

1. Sira will nicht warten und steigt an Sandra hoch.

2. Sandra schiebt Sira sachte runter.

Füttern am Tisch

Da wir uns thematisch gerade am Esstisch befinden, sei an dieser Stelle noch angemerkt, dass es kein Fauxpas ist, seinem Hund etwas vom Tisch zu geben. Man zieht sich so auch keinen penetranten Bettler heran. Hin und wieder gemeinsam zu essen, und zwar auch Lebensmittel, die vielleicht nicht auf dem täglichen Speiseplan des Hundes stehen, kann die Bindung zueinander fördern und das Gemeinschaftsgefühl stärken. Selbstverständlich ist dabei darauf zu achten, dass dies keine Lebensmittel sind, die beim Hund toxisch wirken. Gleiches gilt für Lebensmittel, die Ihr Hund aufgrund einer Unverträglichkeit oder Allergie nicht essen sollte. Bei mir bekommen die Hunde immer mal wieder etwas Fleisch vom Tisch, aber es gab auch schon Tofu, Obst, Gemüse und das ein oder andere Butterbrot. Ich persönlich teile gerne und oft, aber eben nicht immer. Und wenn meine Mädels fragen und ich nicht teilen möchte, ist dies kein Problem. Durch Missachtung ihrer Frage oder intuitive Ansprache: *„Nee, jetzt gibt es nichts!"*, überlassen sie mir mein Essen, wenn auch ungern.

ES IST ZEIT FÜR EIN SPIEL

Die grundlegende Regel ist, dass alles, was ich in den Händen halte, auch mir gehört und mein Hund sich dies nicht einfach nehmen darf. Ich würde mir auch von keiner Person einfach etwas wegnehmen lassen.

Wenn Sie Ihrem Hund etwas geben möchten, sei es etwas zum Spielen oder auch etwas zum Essen, aber haben es ihm noch nicht angeboten, dann hat er es Ihnen nicht aus der Hand zu nehmen. Wichtig, wir reden hierbei um den Beginn der Interaktion. Sollten Sie sich bereits im Spiel mit Ihrem Hund befinden und Ihr Hund versucht während des Spiels, Ihnen den Gegenstand, z. B. Tau oder Ball, wieder zu entreißen, ist dies keine Frechheit, sondern gehört im Spiel nun einmal einfach dazu. Das sieht bei Hunden untereinander nicht anders aus und dabei spielt es auch keine Rolle, wenn es sich um Hunde des gleichen Haushaltes handelt, wer in der Hierarchie an welcher Stelle steht.

Stellen Sie sich vor, Sie holen einen Kauknochen oder ein Spielzeug aus dem Schrank und Ihr Hund ist zugegen. In der Regel wissen die Hunde

1

2

1. Oliver fordert Enisa zum Spiel auf.

2. Erst auf die Spielaufforderung hin, schnappt sie sich das Stofftier.

schon, dass Dinge, die aus einer bestimmten Schublade oder einem bestimmten Schrank kommen, für sie gedacht sind. Auch wenn die Wahrscheinlichkeit dafür sehr groß ist, sollte Ihr Hund Ihnen das Objekt nicht einfach aus der Hand nehmen. Ihr Hund sollte darauf warten, dass Sie ihm das Leckerchen oder das Spielzeug anbieten, wobei ich unter einem Angebot bereits einen deutlichen Blickkontakt verstehe. Durch diesen beziehen Sie Ihren Hund in die Aktion mit ein. Selbstverständlich geht im wirklichen Leben normalerweise der Blickkontakt mit einer verbalen Ansprache einher. Niemand wird seinen Hund sekunden- oder gar minutenlang anstarren, bevor er ihm verbal zu verstehen gibt, dass er das Leckerchen oder Spielzeug nehmen darf. Sollte Ihr Hund dieses Angebot nicht abwarten, sondern versuchen, Ihnen das Objekt zu entreißen, dann können Sie sich ihm gegenüber genauso verhalten, wie Sie sich auch dem Kind gegenüber verhalten würden. Stellen Sie sich vor, Sie holen einen Lutscher für Ihr Kind aus dem Schrank und dieser wird Ihnen dann einfach entrissen, nur weil das Kind davon ausgeht, dass auch diese Süßigkeit für ihn/sie gedacht ist, weil Sie im Normalfall keine Süßigkeiten essen. Sie können Ihre Verärgerung mit Worten zum Ausdruck bringen, z. B. *„Sag mal!“* oder den Hund ein Stück wegschieben. Dies gilt natürlich auch dann, wenn es sich nicht um ein Leckerchen oder Spielzeug für Ihren Hund handelt, sondern z. B. um ein Stück Schokolade oder ein belegtes Brötchen, das Sie selbst verzehren möchten.

Blickkontakt bildet meist den Anfang einer Interaktion.

Blickkontakt

Der Blickkontakt und damit das Einbeziehen des Hundes in eine Aktion, ist ein nicht zu vernachlässigender Faktor in der Kommunikation mit dem Hund. Getreu dem Motto: *„Blicke sagen mehr als tausend Worte!"* Stellen Sie sich vor, Sie sitzen im Sommer vornübergebeugt auf einer Parkbank und lassen sich eine Kugel Eis schmecken – vielleicht auch mehr als eine Kugel. Ihr Hund sitzt neben oder vor Ihnen und Sie haben Blickkontakt. Für den Hund entsteht der Eindruck, dass Sie ihn in die Situation einbeziehen. Folglich wäre es fraglich, inwieweit es dreist vonseiten des Hundes wäre, wenn er sich auch einen Zungenschlecker oder Bissen von Ihrem Eis gönnen würde. Achten Sie also auch in diesen Situationen darauf, klar zu agieren. Ihr Hund kann nicht wissen, dass er sich nicht bedienen darf, nur weil es sich eben um ein Eis handelt, das Sie gerade genießen.

Haben Sie Blickkontakt mit Ihrem Hund, involvieren Sie ihn automatisch, haben Sie keinen bzw. ignorieren Sie den Blickkontakt Ihres Hundes, dann bedeutet das für den Hund, dass er in diesem Moment nicht berücksichtigt wird und er sich anderen Dingen widmen kann.

Nimmt Ihnen Ihr Hund einfach einen Pansenstängel aus der Hand, den Sie gerade aus dem Schrank geholt haben, obwohl Sie ihn nicht anschauen, verhält er sich Ihnen gegenüber ignorant. Schleckt er Ihnen über Ihr Eis, wenn Sie ihn durch Blickkontakt (unbewusst) miteinbeziehen, wäre dies nicht als Frechheit zu werten, vorausgesetzt das Eis befindet sich in gut erreichbarer Nähe für den Hund. Muss er erst an Ihnen hochsteigen, wäre auch für ihn, trotz Blickkontakt klar, dass das Eis allein für Sie bestimmt ist.

Impulskontrolle mit Futter üben?

Die Übung zum Aufbau der Impulskontrolle, in der man dem Hund ein Leckerchen anbietet, er dieses aber erst auf ein Kommando nehmen darf, habe ich mit meinen eigenen Hunden nie durchgeführt. Entweder, ich biete meinem Hund etwas an und er darf es dann auch nehmen, oder ich lasse es einfach sein.

Zudem ist der Aufbau der Impulskontrolle über Leckerchen eine Übung aus dem Bereich des Hundetrainings und hat mit Erziehung nichts zu tun.

Ich halte auch keinem Kind eine Tüte mit Gummibärchen hin und wenn es hineingreifen möchte, ziehe ich die Tüte wieder weg. Entweder ich biete meinem Kind Süßigkeiten an oder eben nicht. Und wenn ich mir selbst eine Süßigkeit nehme, lasse ich mir diese von niemandem einfach aus der Hand nehmen. Das ist keine Frage von Training, sondern von Erziehung bzw. Respekt.

Es ist unbestritten, dass diese Übung eine Möglichkeit darstellt, Impulskontrolle zu trainieren. Ich persönlich halte jedoch andere Übungen für zielführender für den Alltag. Beispielsweise, wenn man mit seinem Hund trainiert, sich bewegenden Objekten nicht einfach hinterherzurennen. Gelingt es dem Hund, sich in solchen Trainingssituationen zurückzuhalten, und kann man das Erlernte erfolgreich in alltägliche Situationen übertragen, sodass der Hund sich bewegenden Objekten wie Joggern, Radfahrern oder vorbeirennenden Kindern nicht folgt, freut dies nicht nur Sie als Halter, sondern auch Ihre Umwelt.

ES IST ZEIT FÜR RUHE

Irgendwann, aber ziemlich oft am Tag, ist es Zeit zu ruhen. Um genau zu sein, verbringen Hunde bis zu 90 % des Tages damit.

Betrachtet man sich ein „Hunderudel“ in der Natur oder auch einen Haushalt, in dem mehrere Hunde zusammenwohnen, liegen die Hunde gewöhnlich beieinander, nicht unbedingt immer dicht gedrängt, manchmal auch mit mehreren Metern Abstand oder auch mal in unterschiedlichen Zimmern. Die Ansicht, dass man seine Stellung als „Rudelführer“ einbüßt, wenn man sein Bett mit seinem Hund teilt, ist veraltet und

GEMEINSAM ENTSCHEIDEN

Wo sich Hunde hinlegen dürfen, ist immer eine individuelle Entscheidung, optimalerweise des Haushalts und nicht einzelner Personen. Es macht es für alle Beteiligten unnötig schwierig, wenn eine Person im Haushalt dem Hund beispielweise erlaubt, auf der Couch zu liegen und für ein anderes Familienmitglied dies nicht in Ordnung ist. Sprechen Sie sich ab und finden Sie eine Lösung, mit der alle Familienmitglieder einverstanden sind. So kann z. B. das elterliche Bett eine Tabuzone darstellen, das Bett im Zimmer des jugendlichen Kindes hingegen als Schlafplatz freigegeben werden.

Den Hund zu ignorieren ist im besten Fall kein aktiver Vorgang, sondern entsteht aus der Situation, mit anderem beschäftigt zu sein.

ohne jeglichen wissenschaftlichen Hintergrund. Dennoch spielen Liegeplätze durchaus eine Rolle hinsichtlich des Status eines Hundes in einem Sozialgefüge. Man darf und sollte als Mensch also entscheiden, wer seinen Ruheplatz in unserer Nähe mit Körperkontakt einnehmen darf und wer nicht.

Erhöhte Liegeplätze

Nicht jeder muss einen Hund im eigenen Bett schlafen lassen. Ich würde allerdings empfehlen, ihm den Zugang zum Schlafzimmer stets zu ermöglichen, sodass er zu Ihnen kommen kann, wenn er sich nicht wohlfühlt. Für einen Welpen, gerade erst von Mutter und Geschwistern getrennt, hat es für mich schon einen misshandelnden Charakter, wenn dieser völlig allein in einem anderen Zimmer nächtigen muss. Welpen habe ich immer mit zu mir ins Bett genommen. Sollte dies für Sie nicht infrage kommen, tun Sie dem Welpen und auch sich den Gefallen und richten Sie ihm einen Schlafplatz direkt neben Ihrem Bett ein. Es wird die Bindung zu Ihnen gerade in den ersten Tagen ungemein fördern. Und haben Sie keine Sorge, dass, sollten Sie sich dafür entscheiden, den Welpen zu sich ins Bett zu holen, er dort jede Nacht seines Lebens schlafen wird. Viele erwachsene Hunde ziehen es später vor, in Ruhe, getrennt von ihrem Menschen, zu schlafen. Abgesehen davon spricht auch nichts dagegen, seinen Hund durch freundliche Ansprache hin und wieder des Bettes zu verweisen. Wenn das Hundebett Platz im Schlafzimmer findet, befürworte ich es, dass der Hund dort schlafen kann. Ist ihm der Platz nicht ruhig genug, zu warm oder zu kalt, wird er von sich aus einen anderen auswählen.
Kein Hund wird ausschließlich aufgrund der Tatsache, dass er selbstständig, ohne Aufforderung seines Menschen, auf erhöhten Plätzen wie Couch oder Bett Platz nehmen darf, seinen Menschen ignorieren. Die Gründe für respektloses Verhalten sind an anderer Stelle zu suchen. Bei Hunden, die erhöhte Plätze als

Ressource gegenüber ihrem Menschen verteidigen, ist die Sachlage natürlich eine andere. Diese Hunde würde ich nur noch mit Einladung von mir und auch nur mit Körperkontakt zu mir auf Couch oder Bett lassen. Denn dies sollte der Grund sein, weshalb sie überhaupt dort sein wollen, um Kontakt zu ihrem Menschen zu haben. Daraus folgernd, sollten sie dann auch aufstehen, wenn ihr Mensch die Couch oder das Bett verlässt.

Geeignete Ruheplätze

Schlafplätze, die extra für den Hund eingerichtet werden, würde ich so wählen, dass er dort auch zur Ruhe kommen kann. Eine Decke im Flur ist eher schlecht gewählt. Ich versuche, meine Hunde meistens in irgendwelchen Ecken zu positionieren, aber nicht direkt gegenüber der Tür. So bringe ich sie schon räumlich nicht in die Position, entscheiden zu müssen, wer den Raum betreten darf und wer nicht.

Schlafplätze sollten so gewählt werden, dass der Hund dort Ruhe finden kann.

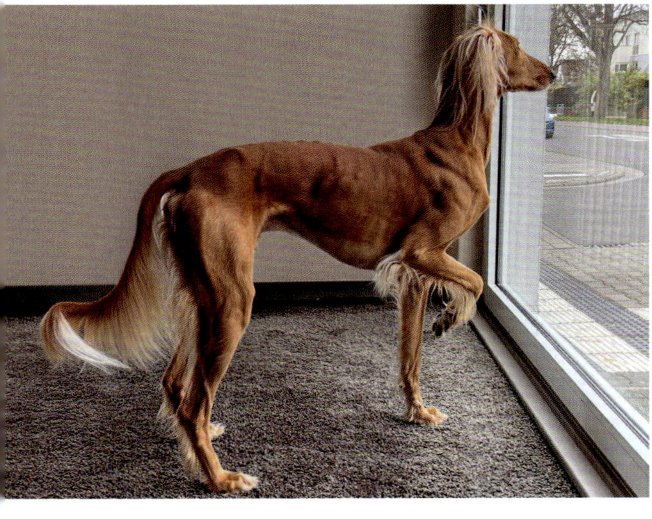

Wer über bodentiefe Fenster verfügt oder auch eine breite Fensterbank, auf der der Hund Platz finden würde, dem rate ich ebenfalls, dort keinen Ruhebereich für den Hund einzurichten, vor allem nicht, wenn dieser dazu neigt, anzuschlagen und zu verbellen oder draußen Spaß am Jagen hat. Die Jäger unter den Hunden treiben ihren Hormonspiegel unter Umständen dadurch schon in den eigenen vier Wänden nach oben, indem sie Hasen, Eichhörnchen oder auch Vögeln bei ihrem bunten Treiben im Freien zusehen. Und die Wächter gehen dann stets ihrer Passion nach, andere in die Flucht zu schlagen, was ihnen an diesem Platz auch immer gelingt, da die Personen ja für gewöhnlich einfach nur am Fenster vorbeigehen. Die Hunde finden also an solchen Orten nicht das, was sie dringend brauchen – Ruhe und vor allem Schlaf.

Hunde mit Schlafmangel

Hunde mit Schlafmangel können das Cortisol im Körper nur ungenügend abbauen, die Folge ist vermehrter Stress, der gekennzeichnet ist durch Unruhe und Rastlosigkeit.
Diese Hunde befinden sich oft in einem Teufelskreis. Aufgrund ihrer hibbeligen Art machen sie den Eindruck, als seien sie nicht ausgelastet, was oft dazu führt, dass der Mensch noch mehr mit ihnen unternimmt. Eine Endlosspirale beginnt, die man nur mit konsequenten Ruhephasen durchbrechen kann. Ich bin kein Freund von Hundeboxen. Für solche Hunde kann deren Einsatz allerdings sinnvoll sein. Viele Hunde fühlen sich durchaus wohl in diesen Höhlen und kommen dort schneller zur Ruhe.

Stellen Sie das Hundebett so auf, dass Sie nicht ständig daraufschauen können.

Ein Platz ohne Störfaktor

Ein weiterer Punkt spricht ebenfalls für Ruheplätze, die eher uneinsichtig sind, und dieser betrifft uns persönlich. Wählt man für den Hund einen Ruheplatz, den man selbst gut im Blick hat, neigt man eher dazu, den Hund immer wieder anzusehen oder auch hin und wieder zu streicheln. Das stellt natürlich zunächst einmal kein Problem dar, nur zeigt die Erfahrung, dass viele Menschen dies eben viel zu oft am Tag tun. Und Ihnen muss bewusst sein, dass der Hund jeden Blickkontakt als Aufforderung sehen kann, etwas zu tun. Das ist vergleichbar mit dem Süßigkeitenschrank. Zählt man zu den Personen, die dazu neigen, mehr Süßigkeiten zu essen, als guttut, kann es eine Möglichkeit sein, diese für sich selbst weniger gut zugänglich zu machen. Also beispielsweise in ein anderes Stockwerk zu verlagern oder einfach weniger einzukaufen, bis man gelernt hat, maßvoller im Konsum von Süßigkeiten zu sein.

Hat der Hund seinen Ruheplatz also direkt in unserem Blickfeld, werden wir ihm öfter unsere Aufmerksamkeit widmen, als wenn wir beispielsweise erst um Couch oder Tisch herumlaufen müssen.

Hat man einen Hund, der einem im Haus oft hinterherläuft, liegt dies nicht selten daran, dass er sehr häufig angeschaut wird, vor allem auch dann, wenn man den Raum verlässt. Unbewusst schaut man, ob der Hund (schon wieder) hinterherläuft. Versuchen Sie sich dies bewusst zu machen, wenn ein solcher Vertreter bei Ihnen wohnt. Seien Sie zukünftig achtsam beim Verlassen des Raumes. Nehmen Sie sich eine Zeitlang bewusst vor, den Hund nicht anzusehen, wenn Sie aus dem Zimmer gehen. Tun Sie dies so lange, bis Sie den Vorgang verinnerlicht haben und aus Selbstverständlichkeit in dieser Situation keinen Blickkontakt mehr aufnehmen. Denn Sie möchten ja keine Interaktion mit Ihrem Hund beginnen.

TÜR UND TOR ÖFFNEN

5 Schritte im Überblick

1. Liko und Ronja haben sich vorgedrängelt. Sandra schiebt sie nach hinten.

2. Sandra steht nun an der Tür und öffnet sie. Die Hunde bleiben dahinter.

3. Ronja versucht nochmals vorbeizudrängeln, was Sandra unterbindet.

4. Ronja akzeptiert die Korrektur und bleibt nun hinter Sandra.

5. Ist die Tür weit genug geöffnet, dürfen die Hunde auch vorgehen.

ES IST ZEIT, SICH RAUM ZU VERSCHAFFEN

Wie groß die Individualdistanz eines Hundes ist, hängt von mehreren Faktoren ab. Erfahrungen, vor allem auch während der Sozialisierungsphase, Erkrankungen, Situation, Alter, Rasse und letztlich individuelle Charaktereigenschaften.
Dies ist bei uns Menschen im Übrigen nicht anders. Manche stört es wahnsinnig, wenn der nächste Kunde an der Kasse an deren Rücken klebt, andere tangiert dies überhaupt nicht.
Ihre persönliche Individualdistanz darf natürlich von Familienmitgliedern, und dazu zählt auch Ihr Hund, unterschritten werden, sonst wäre es ein etwas liebloses Miteinander, ohne jeglichen Körperkontakt. Man sollte allerdings darauf achten, auf welche Art und Weise sie unterschritten wird. Kommt Ihr Hund freudig oder auch Hilfe suchend zu Ihnen, werden Sie darauf anders reagieren, als wenn er Sie anrempelt oder versucht, an Ihnen vorbeizudrängeln. Sei es durch eine Tür hindurch, weil der Vierbeiner dringend vor Ihnen draußen sein möchte, sei es auf einem Trampelpfad, weil er unbedingt vor Ihnen laufen will, sei es beim Spiel mit Artgenossen, wenn er so angeschossen kommt, dass er aus Unachtsamkeit in Sie hineinpoltert.

Gemeinsam Räume verlassen

Türen, ganz gleich ob Türen innerhalb der eigenen vier Wände, ob Haustüren, Gartentüren, Türen zu anderen Gebäuden, öffnet man immer für sich und nicht für seinen vierbeinigen Begleiter. Dies hat aber nicht zwangsläufig zur Folge, dass der Hund immer erst nach Ihnen durch Türrahmen laufen darf. Es kommt auch hier darauf an, ob er Sie ignoriert oder auf Sie achtet. Möchten Sie gemeinsam mit Ihrem Hund einen Raum verlassen, dann darf er vor Ihnen durch den Türrahmen treten, wenn Sie die Tür so weit geöffnet haben, dass Sie gemeinsam mit Ihrem Hund hindurchgehen könnten. Bis zu diesem Moment hat er sich nicht an Ihnen vorbeizudrängeln. Steht er schon an der Tür in froher Erwartung, dass diese für ihn geöffnet wird, schieben oder ziehen Sie ihn ein Stück zur Seite oder nach hinten. Warten Sie einen kurzen Moment, damit Sie erkennen können, ob er diese Korrektur akzeptiert. Läuft er wieder nach vorne zur Tür, wiederholen Sie den Vorgang so oft, bis er es akzeptiert, also mit etwas Abstand stehen bleibt. Auch in dieser Situation sollten Sie ihn nicht permanent auf Abstand halten, z. B. indem Sie den Arm ausstrecken und ihm die Hand auf die Brust legen, sodass er sich nicht mehr nähern kann. Hierdurch wäre die Akzeptanz seitens des Hundes nicht erkennbar.
Schieben oder ziehen Sie ihn weg und entspannen Sie sich danach wieder, warten Sie kurz, bevor Sie sich wieder der Tür zuwenden, damit Sie erkennen können, ob Ihr Hund nun wartet, und wenden Sie sich dann wieder Richtung Tür.
Möchten Sie, dass Ihr Hund vor Ihnen durch den Türrahmen geht, obwohl Sie die Tür noch nicht ganz geöffnet haben, z. B. beim Zurückkommen vom Spaziergang oder wenn Sie mit vollen Händen das Zuhause verlassen wollen, müssten Sie dies Ihrem Hund verbal vermitteln. Am ehesten würde ich dies durch intuitive Ansprache tun. *„Geh ruhig vor!“*, *„Lauf ruhig durch!“* – so etwas in der Art. Intuitiv deswegen, da ja keine Eile geboten ist.
Was für Türrahmen gilt, betrifft auch andere Engstellen. Flur, Treppe, Treppenhaus, Fahrstuhl, Waldweg etc. Ihr Hund muss nicht hinter Ihnen laufen. Er hat aber niemals zu rempeln oder zu drängeln, um von hinten nach vorne zu kommen. Tut er dies, missachtet er Sie als Person.

Auch Hunde finden Rempeln, selbst im Spiel, oft unangemessen.

Rempeln beim Spiel

Gerade beim Spiel wird das Rempeln vonseiten des Hundes oft beschönigt bzw. damit gerechtfertigt, dass man übersehen wurde. Bei Welpen, die koordinativ noch nicht voll entwickelt sind, kann dies vorkommen. Erwachsene Hunde hingegen, es sei denn, sie sind körperlich beeinträchtigt, tun dies absichtlich bzw. es ist ihnen einfach gleichgültig. Wie sonst ist es zu erklären, dass seltsamerweise beim Rennen über die Wiese höchst selten ein Baum, ein Zaun, eine Bank oder ein einzelner Holzpfahl übersehen wird? Wenn zwei oder mehrere Hunde miteinander spielen und einer Sie, weil er ins Straucheln gerät, anrempelt, könnte man ganz menschlich die Schuld beim anderen Hund suchen, wegen dem er ins Straucheln geriet. So umständlich müssen wir es uns aber gar nicht machen. Auch beim Spiel haben alle Beteiligten mitzudenken und aufzupassen, generell auf den Abstand zu Ihnen zu achten, sodass so etwas nicht passiert.

Lassen Sie ein solch flegelhaftes Verhalten nicht unkommentiert und rempeln Sie ruhig auch mal dagegen, wenn Sie schnell genug reagieren können. Sollte die Distanz schon zu groß geworden ein, um den Hund zu erreichen, äußern Sie zumindest, dass diese Frechheit aufgefallen ist. So, wie Sie es auch tun würden, wenn Sie jemand im Flur oder in der engen Fußgängerzone anrempeln würde.

»Rempeln, schubsen, drängeln ist vonseiten des Hundes Ihnen gegenüber niemals in Ordnung und gerechtfertigt!«

Den Hund aus dem Weg schicken

Es sollte selbstverständlich sein, dass Ihr Hund Ihnen den nötigen Raum gibt, um sich frei bewegen zu können. Man muss aber nicht unhöflich seinem Hund gegenüber werden, wenn er es nicht mitbekommt, dass man genau dort langlaufen möchte, wo er sich gerade befindet und natürlich muss man ihn nicht schikanieren. Kann man an seinem Hund vorbeilaufen, läuft man vorbei. Er muss nicht „auf Teufel komm raus" einen Weg frei machen, den er gar nicht versperrt. Sollte er sich aber im Weg befinden, kann man ihn freundlich aber bestimmt bitten, Platz zu machen.

Erwachsene Hunde dösen viele Stunden am Tag. Die Phasen des Tiefschlafs sind jedoch sehr begrenzt. In aller Regel wird Ihr erwachsener Hund also dösen, wenn er irgendwo liegt. Sollte er im Weg liegen und es wäre nötig, über ihn zu steigen, dann bitten Sie ihn aufzustehen. In aller Ruhe und ohne Aggression in der Stimme, ohne Hektik in Ihren Handlungen. Tippen Sie ihn gegebenenfalls mit Hand oder Fuß etwas an, sollte er auf eine bloße Ansprache hin nicht reagieren und geben Sie dieser damit den nötigen körperlichen Nachdruck. Sollte es einmal eher ungünstig sein, dass Ihr Hund aufsteht, um Ihnen den Weg frei zu machen, dann können Sie ihm dies ebenfalls durch ihre Stimme und Gestik vermitteln: *„Bleib ruhig liegen!"* und eine flache, nach unten zeigende Handfläche, wie viele sie auch als Geste vom Kommando „Platz" kennen, reicht in den meisten Fällen, damit der Hund versteht, was man vermitteln möchte. Selbstverständlich spielt auch hier eine Rolle, wie sich das Zusammenleben insgesamt gestaltet. Ist der Alltag harmonisch und man fühlt sich von seinem Hund wahrgenommen und respektiert, gibt es nur selten Diskussionen hinsichtlich der Ausführung von Kommandos, oder ist der Hund gar körperlich beeinträchtigt, wird man ihm eher einmal zugestehen, liegen zu bleiben. Führt er sich hingegen auf wie „Graf Rotz", sollte er Ihnen einmal mehr Platz machen.

1. Alva gibt Vollgas im Spiel mit Isabell.

2. Isabell gibt sich Mühe, Alva wieder auf den Boden zu bringen.

1

2

ES IST ZEIT FÜR BESUCH

Für viele Menschen ist der Empfang von Besuch eine Situation, die sich häufig nicht so gestaltet, wie sie es sich vorstellen. Wenige Hunde haben kein Interesse, wenn fremde Menschen Haus oder Wohnung betreten und somit gibt es auch nur wenige Hunde, die auf ein Klingeln keine Reaktion zeigen. Die meisten Menschen haben die Situation mit ihrem Hund zig Mal geübt und geben ihrem Hund normalerweise ein Kommando, das dieser ausführen soll. So muss der Hund beispielsweise auf seine Decke gehen oder schlichtweg sitzen und dies bestenfalls, bis das Signal von seinem Menschen wieder aufgelöst wird. Andere müssen in ihre Box oder werden in ein anderes Zimmer gebracht. Die Gründe dafür sind meist dieselben. Die Menschen möchten damit verhindern, dass der Hund sich Besuchern gegenüber aufdringlich verhält, eventuell sogar hochspringt. Ganz selten geht es Menschen darum, das Verhalten des Hundes ihnen selbst gegenüber zu verbessern. Was durch die genannten Beispiele ja auch nicht möglich ist, da die Situation nicht geklärt, sondern umgangen wird, wenn der Hund nicht mehr mit zur Tür kommen darf.

Was all jene, die den Fokus auf den Besuchern haben, übersehen, ist, dass der Hund, bevor er diese begrüßen kann und das auf eine vermeintlich unangemessene Art und Weise tut, sich seinen eigenen Menschen gegenüber frech verhalten muss. Wie sonst käme eine solche Situation zustande? Ein Hund, der entspannt mit an der Tür steht und von sich aus wartet, bis sein Mensch die Gäste begrüßt hat, wird eher nicht dazu neigen auf einmal, wenn er an der Reihe ist, Vollgas bei der Begrüßung dieser zu geben.

Ein Hund, der ohne, dass er ein Kommando bekommen hat, als Erster an den Personen auf der anderen Seite der Haus- oder Wohnungstüre ist, wird in aller Regel drängeln oder rempeln. Es sei denn, er ist in der Lage, die Tür selbstständig zu öffnen oder der angestellte Türöffner des Hundes kam seiner Pflicht ordnungsgemäß nach.

Beispiel: Besuch an der Tür

Es klingelt an der Tür. Der Hund geht oder rennt zur Tür oder begleitet seinen Menschen dorthin. Ganz selten sieht man, dass der Hund, wenn sein Mensch die Tür erreicht, zurückweicht, um diesem den angemessenen Raum zur Verfügung zu stellen. Vielmehr steht er erwartungsfroh an der Tür, um sogleich hinauszustürmen, sobald der Mensch diese ein Stück geöffnet hat. Als frech wird dieses Verhalten nur von wenigen empfunden. Eingeschritten wird meist nur, wenn der Hund den Besuch zu fröhlich bzw. stürmisch begrüßt. Dass der Mensch vorher von seinem Hund ignoriert wurde, wird selten bewusst wahrgenommen. Sollte sich Ihr Hund Ihnen gegenüber so verhalten, empfehle ich Ihnen, sich zukünftig nicht mehr darüber zu ärgern, sondern diese Situation als Chance zu nutzen, ihrem Liebling zu zeigen, was Sie sich von ihm bieten lassen und was eben auch nicht.

In dieser Situation ein Kommando zu geben, ist nicht falsch, aber Sie umgehen dabei das Problem. Wenn Ihr Hund ein Kommando für Sie ausführen muss, kann er sich nicht mehr frech verhalten, es sei denn, er würde das Kommando nicht ausführen. Aber Sie wollen ja einen gut erzogenen Hund und nicht nur einen gut trainierten. Einem gut trainierten Hund werden Sie unter Umständen sein Leben lang, immer wenn Gäste kommen, das gleiche Kommando geben müssen. Ein gut erzogener Hund wird sich von sich aus zurücknehmen, ohne dass Sie dies immer wieder herbeiführen müssen, indem Sie ihn akustisch oder taktil korrigieren.

Dinari überlässt Fabienne die Entscheidung, wer das Haus betreten darf.

Richtiges Vorgehen

Wenn es klingelt, darf Ihr Hund zur Tür. In welchem Tempo er zur Tür gelangt und ob dies in Ihrem Beisein passiert oder Sie erst nach ihm dort ankommen, spielt keine Rolle. Sollte er Ihnen, wenn Sie die Tür erreichen, keinen Raum geben, um diese zu öffnen, schieben oder ziehen Sie ihn ein Stück zur Seite oder nach hinten. Wichtig ist, dass Sie ihn nicht an dieser Position fixieren, sondern dass Sie erkennen können, dass er die Korrektur Ihrerseits akzeptiert. Also nehmen Sie wieder die Hände von ihm weg. Sollte er wieder zur Tür gehen, wiederholen Sie Ihre Handlung und dies tun Sie so oft, bis Ihr Hund Ihnen den nötigen Raum an der Tür gewährt.

Nun können Sie die Tür ein Stück öffnen. Sollte Ihr Hund wieder nach vorne gehen, schieben oder ziehen Sie ihn wieder ein Stück weg. Dies wird ebenfalls so lange wiederholt, bis Sie Akzeptanz erkennen können.

Und so tastet man sich Stück für Stück an seinen Besuch heran. Den Fokus aber stets darauf gerichtet, dass Ihr Hund sich nicht vordrängelt, sich nicht zwischen Ihnen und der Tür, der Wand oder Ihren Beinen hindurchzwängt und Sie auch nicht zur Seite rempelt.

Unterbrechen Sie die Begrüßung, wenn Ihr Hund sich zwischen Sie und die andere Person drängen möchte. Schieben Sie ihn weg und beginnen Sie die Begrüßung von vorne.
Bei sehr stürmischen Hunden muss man diese Situation sicher einige Male inszenieren. Nehmen Sie sich die Zeit. Und wenn es mal schnell gehen muss, weil nicht Besuch klingelt, sondern der Paketdienst, dann behelfen Sie sich ausnahmsweise früherer Trainingsansätze. So oft wie möglich sollten Sie jedoch auf Kommandos und auch auf die Verwendung von Box oder vor Ihrem Hund geschlossener Zimmertür verzichten.
Wenn Sie diese Situation geklärt haben und Ihr Hund sich Ihnen gegenüber benimmt, wird dies Auswirkungen auf andere Situationen in Ihrem Alltag haben, die bisher vielleicht noch nicht so ablaufen, wie Sie es sich vorstellen.
Selbstverständlich darf Ihr Hund nach Ihnen den Besuch begrüßen. Vorausgesetzt natürlich, er tut es freundlich. Tut er dies nicht oder möchten Sie aus anderen Gründen keine Kontaktaufnahme, müssten Sie ihm das entsprechend kommunizieren, z. B. durch ein klares, verbales Signal wie „Name, Nein“ oder durch eine intuitive Ansprache wie *„Süße, da gehst Du jetzt nicht hin!“*

Beispiel: Besuch betritt das Grundstück
Es ist Sommer. Sie sitzen auf Ihrer Terrasse und Sie erwarten Gäste, die nun nicht an der Haustür empfangen werden, sondern die durch das Gartentor einfach auf Ihr Grundstück kommen, ohne darauf zu warten, dass dieses von Ihnen geöffnet wird. Ihr Hund wird höchst wahrscheinlich vor Ihnen bei den Gästen sein. Das ist völlig in Ordnung. Er hat Sie in diesem Moment ja nicht missachtet, indem er körperlich Ihnen gegenüber wurde, um als Erster bei den Gästen zu sein.
Es geht nicht darum, ob Mensch oder Hund zuerst die Besucher begrüßt, sondern nur darum, dass der Hund seine Menschen in dieser Situation nicht ausblendet.

1

Begrüßung des Hundes

Immer wieder erlebe ich Familien, die ihren Hund nicht begrüßen, wenn sie nach Hause kommen, sondern diesen, obwohl er schwanzwedelnd und freudig vor ihnen steht, vollkommen missachten und erst einmal andere Dinge erledigen. Zum Beispiel begrüßen sie den Partner und/oder die Kinder, die allerdings nicht freudig an der Tür standen, sondern sich irgendwo im Haus aufhielten. Es spielt keine Rolle, welches Familienmitglied Sie zuerst begrüßen. Und wenn Ihr vierbeiniger Liebling nun mal zuerst an der Tür ist, dann macht es doch keinen Sinn, ihn zu ignorieren, um sich ihm dann irgendwann zuzuwenden, wenn der Moment des Nachhausekommens schon längst ad acta gelegt ist. Begrüßen Sie Ihren Hund und maßregeln Sie ihn, wenn er zu stürmisch ist. Halten Sie ihn, sodass seine Füße am Boden bleiben, wenn er hochspringt und versuchen Sie Ruhe in die Situation zu bringen, durch eine ruhige Ansprache, durch Tadel, wenn er doch springen möchte, durch Lob, wenn er sich in seiner Freude beherrschen kann und eben nicht springt. Das ist nicht selten ein Switch innerhalb von Sekunden. Von Lob zu Tadel, von Tadel zu Lob. Nur so kann Ihr Hund lernen, dass er ruhiger agieren soll, auch wenn er sich freut. Wenn Sie ihn missachten, wird es unter Umständen darauf hinauslaufen, dass er irgendwann gar nicht mehr zur Tür kommt. Warum auch, wenn seine Freude nie Anklang bei Ihnen findet? Anders ist es natürlich, wenn er versucht, sich zwischen Sie und ein Familienmitglied zu drängen, das Sie begrüßen. Versucht er dies, wird er ignoriert und wenn nötig auch ohne Blickkontakt und ohne Ansprache weggeschoben.

Sie würden auch kein Kind einfach stehen lassen, wenn es voller Freude über Ihre Rückkehr zur Tür gerannt kommt. Selbst wenn Sie erst einmal Ihre Sachen ablegen wollten, würde Sie es dennoch zumindest verbal begrüßen, um sich ihm dann auch körperlich zuzuwenden, um es z. B. in den Arm zu nehmen oder ihm zärtlich über den Kopf zu streichen. Zerrt es Sie aber am Pullover oder trommelt Ihnen auf Bauch oder Rücken, weil es nicht weiß, wohin mit seiner Freude, würden Sie dies auch unterbinden und mehr Ruhe einfordern. Bleibt Ihr Kind hingegen auf der Couch sitzen, wenn Sie kommen, und würdigt Sie keines Blickes, ist fraglich, ob von Ihrer Seite mehr kommen muss als ein freundliches „Hallo". Übertrieben wäre es doch, zum Kind zu gehen und es auch noch zu drücken und zu herzen.

So ist es auch beim Hund. Bleibt der Hund auf seinem Platz liegen und bequemt sich nicht zu Ihnen, müssen Sie nicht den Aufwand betreiben und zu ihm gehen, um ihn zu streicheln. Ausgenommen sind natürlich Hunde, die physisch oder psychisch beeinträchtigt sind, die also körperliche Beschwerden haben und sich schwer tun, aufzustehen. Oder Hunde, die vielleicht noch nicht lange in ihrem neuen Zuhause wohnen und vor ihren Menschen noch Angst haben. Selbstverständlich kann man gerne zu diesen gehen und ihnen eine Streicheleinheit zuteil werden lassen.

2

1. Ronja kommt freudig zu mir gerannt.

2. Dann kommt auch Liko, um mich zu begrüßen, während Sandra auf der Terrasse wartet.

GRUNDBEDÜRFNIS ODER WUNSCH?

Um in einem liebe- und respektvollen Miteinander mit seinem Hund leben zu können, ist es wichtig, dass Frechheiten seitens des Hundes auffallen und entsprechend interveniert wird. Die Möglichkeit ergibt sich beispielsweise, wenn Ihr Hund sich an Sie wendet, weil er etwas möchte. Hier gilt es zu erkennen, ob er dies tut, weil er einem Grundbedürfnis nachkommen muss, oder ob er einen Wunsch erfüllt bekommen möchte.

Grundbedürfnisse sind zum Erhalt des Lebens und der psychischen und physischen Gesundheit notwendig. Zwei Grundbedürfnisse, auf die Ihr Hund nicht explizit hinweisen kann und die somit als solche immer erfüllt sein müssen, sind ausreichender Sozialkontakt zu Menschen, als auch zu Artgenossen und ausreichende Bewegung.

Beides individuell angepasst an die Erfordernisse für Ihren Hund. Nicht jeder Hund braucht gleich viel Kontakt zu anderen Hunden und auch nicht das gleiche Maß an Bewegung.

Tipp

Legen Sie ggf. eine Leine an, wenn Ihr Hund nicht diskussionslos wieder mit Ihnen hineingeht.

Wendet sich Ihr Hund an Sie, weil es um eines dieser Grundbedürfnisse geht, sollten Sie darauf sofort reagieren, auch dann, wenn er dies Ihnen gegenüber körperlich oder lautstark einfordert. Beispiele für Grundbedürfnisse des Hundes sind:

- Ich muss nach draußen, um mich zu lösen.
- Ich muss nach draußen, um Gras zu fressen, weil mir übel ist.
- Ich muss zu dir, weil ich Angst habe.
- Ich muss etwas trinken, weil ich Durst habe.
- Ich muss zu dir, weil ich verletzt bin.
- Ich muss schlafen, weil ich müde bin.

Steht Ihr Hund bellend, jaulend, fiepend an einer Tür, durch die man nach draußen gelangt, kann man davon ausgehen, dass er nach draußen muss. Entweder, um sich zu lösen oder auch um Gras zu fressen. Möglich ist aber natürlich auch, dass er nicht raus muss, sondern nur raus möchte, weil er gerne draußen in der Sonne liegen will, weil es ihm drinnen zu langweilig ist oder weil er gerne zu der läufigen Hündin möchte, die zwei Häuser weiter wohnt. Wenn für Sie nicht erkennbar ist, ob Ihr Hund raus muss oder eben raus möchte, erkennen Sie

»Die Äußerung von Wünschen seitens des Hundes zielt darauf ab, seine momentane Situation zu ändern und für ihn subjektiv zu verbessern.«

Dinari würde sich gerne draußen in die Sonne legen.

dies, sobald er draußen ist. Löst er sich gleich oder sucht er gleich nach dem nächsten Grashalm, musste er raus. Legt er sich hingegen auf den ersten Sonnenplatz oder sieht sich erwartungsfroh um, ob es irgendetwas zu erleben gibt, oder versucht er sich dem Haus zu nähern, in dem sich die läufige Hündin befindet, dann handelte es sich wohl kaum um eine Notwendigkeit, sondern nur um einen Wunsch. Sollte er den Gang vor die Haustür oder in den Garten entsprechend penetrant eingefordert haben, gehen Sie einfach wieder mit ihm zurück. Sollte er nur freundlich gefragt haben, sich z. B. einfach still an die Tür nach draußen gestellt oder gesetzt haben, obliegt es Ihnen, ob Sie weiterhin mit ihm draußen bleiben oder auch wieder nach drinnen gehen.

Bedürfnissen Beachtung schenken

Steht der Hund fiepend vor seinem leeren Trinknapf, sollten Sie diesen sogleich füllen. Steht er fiepend vor der Tür zu seinem Schlafplatz, seien Sie so nett und öffnen Sie diese für ihn. Schlaf ist wichtig, um Erlebtes zu verarbeiten und um den Hormonhaushalt wieder ins Gleichgewicht zu bringen. Kommt Ihr Hund voller Sorge zu Ihnen und fordert Körperkontakt ein, dann freuen Sie sich. Es gibt kein schöneres Kompliment als dieses. Ihr Hund fühlt sich bei Ihnen sicher. Ein großes Ziel in der Erziehung Ihres Lieblings haben Sie erreicht. Dies ist vor allem auch bei Begegnungen mit fremden Hunden von Bedeutung. Fühlt sich Ihr Hund bei Ihnen sicher, muss er weder den

anderen Hund aktiv abwehren, noch in Angst davonrennen. Wenn er sich sicher sein kann, dass Sie in der Lage sind, die Situation zu klären, wird er von sich aus oder spätestens auf Ihre Aufforderung zu Ihnen kommen.
Eilt Ihr Hund zu Ihnen, weil er sich verletzt und/oder Schmerzen hat und auch hier dringlich Körperkontakt sucht, darf er dies selbstverständlich.

Wann immer Ihr Hund Zuflucht und Geborgenheit bei Ihnen sucht, sollten Sie ihm diese nicht verwehren.

Manche Hunde neigen dazu, an Ihrem Menschen hochzuspringen oder zu steigen. Das stößt manch einem auf, denn nicht selten wird die Kleidung in Mitleidenschaft gezogen, oder man erhält unfreiwillig, aber auch unbeabsichtigt vonseiten des Hundes, eine Kopfnuss. Tut Ihr Hund dies aus Unsicherheit, gibt es kein Grund, ihn zu rügen. Es ist eben seine Art, seine Sorge zu zeigen. Bleiben Sie nett und versuchen Sie ihn eventuell am Boden haltend zu beruhigen.
Auch das Hochsteigen am Menschen ist eine Art, Schutz zu suchen.

1

2

1. Amy ist unsicher und steigt an Dagmar hoch.

2. Dagmar beruhigt sie verbal.

3. Danach kann Amy wieder gelassen weitergehen.

3

FRAGE ODER FORDERUNG?

Neben den Notwendigkeiten, die die Grundbedürfnisse des Hundes umfassen, gibt es auch Wünsche. Wünsche kann der Hund auch anderen gegenüber äußern. An dieser Stelle möchte ich aber nur auf die eingehen, mit denen er sich an Sie richtet.
Jedes Lebewesen darf Wünsche haben und diese auch äußern. Die Frage ist nur, wie diese an Sie herangetragen werden und wie Sie darauf reagieren.

Bespiele für Wünsche des Hundes sind:
– Ich möchte schmusen/Körperkontakt.
– Ich möchte spielen.
– Ich möchte essen.
– Ich möchte nach draußen.

Sie sollten erkennen, ob Ihr Hund seinen Wunsch freundlich fragend an Sie heranträgt, oder ob er versucht, diesen einzufordern. Das erkennen Sie an der Penetranz, also an dem Maß der Aufdringlichkeit. Im Grunde kann man sagen, dass der Hund fordert, sobald er körperlich oder laut Ihnen gegenüber aufritt. Allerdings ist hierbei die Individualität des Charakters des Hundes speziell zu berücksichtigen.

Extrovertierte und introvertierte Hunde

Ein introvertierter Hund wird weniger Penetranz zeigen als ein extrovertierter. Weniger aufdringlich bzw. körperlich oder laut zu sein, bedeutet aber nicht, weniger fordernd zu sein. Ein introvertierter Hund fordert wesentlich subtiler als ein Hund, der generell in seinem Auftreten forscher und offensiver ist. Das macht es manchmal schwierig zu erkennen, wann ein eher zurückhaltender Hund dennoch Handlungen einzufordern versucht. Es ist also wichtig, dass wir bei den Wünschen unseres Hundes immer auch seinen Charakter im Hinterkopf behalten. Denn auch eher distanzierte Hunde können einem Wunsch durchaus Nachdruck verleihen und so eine Frage zu einer Forderung werden lassen.
Der introvertierte Hund möchte schmusen, was er zeigt, indem er sich einfach auf der Couch neben Sie legt. Er äußert seinen Wunsch also fragend: *„Würdest Du mich streicheln?"* Stupst er Sie dagegen mit der Nase leicht an oder legt den Kopf auf Ihren Arm, äußert er seinen Wunsch fordernd: *„Streichel mich!"*
Der extrovertierte Hund möchte sich seine Streicheleinheiten abholen. Er kommt zu Ihnen und legt seinen Kopf auf Ihr Bein. Dies ist für diesen Vertreter eine Frage. Würde er fordern, würde er sich halb auf Sie legen oder mit der Pfote nach Ihrem Arm greifen, sodass Ihnen quasi nichts anderes übrigbleibt, als ihn zu beachten.
Der introvertierte Hund möchte mit Ihnen spielen, was er als Frage formuliert, indem er sich einfach mit seinem Spielzeug neben Sie setzt oder stellt: *„Hast Du Zeit, mit mir zu spielen?"* Würde er Ihnen das Spielzeug auf den Schoß legen und Sie vielleicht leicht mit der Schnauze anstupsen, könnte man dies für diesen Hund schon als Forderung werten: *„Spiel mit mir!"*
Der extrovertierte Hund fragt freundlich nach der Möglichkeit zu spielen, indem er den Kopf mit dem Spielzeug

Versuchen Sie Handlungen Ihres Hundes in Worte zu übersetzen.

auf Ihren Schoß legt. Würde er Sie anschubsen oder anderweitig körperlich werden, wäre dies eine Forderung.

Was bei dem extrovertierten Hund noch als Frage zu werten ist, kann bei dem introvertierten Hund schon eine Forderung sein.

Generell sind introvertierte Hunde in ihren Handlungen wesentlich zurückhaltender als extrovertierte. Es ist an Ihnen zu erkennen, was für ein Exemplar bei Ihnen wohnt, damit Sie situativ entscheiden können, ob es sich um eine Frage oder um eine Forderung Ihres Hundes handelt.

Forderungen ignorieren!

Hat man den Charakter des eigenen Hundes und sein Verhalten für sich eingeordnet, empfiehlt es sich, auf Forderungen niemals einzugehen. Wenn Sie sich bewusst machen, was der Hund verbal Ihnen gegenüber äußern würde, wenn er dies könnte, werden sich sicher jegliche Zweifel daran Ihrerseits legen. Ein Hund, der fordert, fragt nicht freundlich: *„Hast Du Zeit, mit mir zu spielen?“*, sondern er fordert: *„Los, spiel mit mir!“* Er fragt nicht: *„Könnte ich bitte jetzt schon etwas zu essen haben?“*, sondern er fordert: *„Gib mir etwas zu essen!“* Natürlich könnte man darauf eingehen, dann sollte man aber die Erwartung, dass der Hund immer das tut, was man von ihm möchte, begraben. So, wie man dies bei einem Kind auch tun müsste. Wenn man auf die Ansagen des Kindes *„Mach mir (gefälligst) etwas zu essen!“*, *„Kauf mir das Eis!“*, *„Gib mir dein Smartphone!“* reagiert, indem man diesen Forderungen Folge leistet, kann man nicht die Erwartung haben, dass dieses Kind auch sein Zimmer aufräumt, seine Hausaufgaben macht, den Müll zum Mülleimer bringt, weil man ihm dies aufträgt. Tut es dies trotzdem, hat man Glück, dass es gerade nichts Besseres zu tun hat. Es wird sein Zimmer aber nicht aus Respekt vor uns und aus Akzeptanz unserer Aufforderung aufräumen. Das sollte uns bewusst sein. Und Gleiches gilt auch für den Hund. Wenn wir auf Forderungen von ihm eingehen, wird er Kommandos nur dann ausführen, wenn er gerade nichts Besseres zu tun hat, aber nicht aus Respekt uns gegenüber.

Auf eine Forderung des Hundes niemals zu reagieren, bedeutet, dass diese immer ignoriert wird. Dies wiederum beinhaltet, dass man seinen Hund nicht ansieht, ihn nicht anspricht und weiterhin der Tätigkeit nachgeht, mit der man gerade beschäftigt ist.

Er wird also gänzlich missachtet. Sollte dies nicht ausreichend sein, weil der Hund Ihnen gegenüber zu körperlich ist, sodass es schmerzt oder Textilien drohen, zerstört zu werden, dann kann man den Hund auch mit der Hand, dem Arm, dem Fuß oder Bein zur Seite schieben. Achten Sie darauf, dass Sie ihn auch dabei nicht ansehen und die Bewegung ruhig und nicht fahrig ausführen. Ihr Hund würde darauf eventuell mit gleicher Energie reagieren, entweder, weil er Ihre Bewegung als Spiel einschätzt oder weil er es protestierend nicht dulden will, dass Sie so mit ihm verfahren. Daraus wird dann unter Umständen, bei entsprechend schneller Reaktion Ihrerseits, ein Kampf, auf den man sich aufgrund seiner Position in der Familie nicht unbewusst einlassen sollte, da der Hund ebendiese dadurch infrage stellen könnte.

Auf Einladung wird man in den Arm genommen.

Verbale Forderungen

Sollte seine Penetranz verbaler Natur sein, er sich beispielsweise vor Sie stellen und Sie anbellen, können Sie auch durch ihn hindurchgehen. Suchen Sie sich einen Punkt im Hintergrund Ihres Hundes und laufen Sie auf diesen zu. Verharren Sie gegebenenfalls kurz dort, bevor Sie wieder zurückgehen und wieder dem nachgehen, was Sie kurz unterbrochen haben.

Die Entscheidung liegt bei Ihnen

Sollte Ihr Hund freundlich fragen, müssen Sie entscheiden, ob Sie Zeit und Lust haben, sich mit ihm zu befassen. Ist eines von beidem nicht gegeben, beachten Sie Ihren Hund ebenfalls nicht. Dies hat nichts mit Lieblosigkeit zu tun, sondern nur mit klarer, unmissverständlicher Kommunikation.
Sollte beides gegeben sein, Sie haben sowohl Lust als auch Zeit, dann wenden Sie sich Ihrem Liebling zu und unterbrechen die Dinge, mit denen Sie bis dahin beschäftigt waren.

Gioia fragt nach einer Kuscheleinheit.

Wenn Hunde aufgeben

Es gibt auch Hunde, die nie oder wirklich nur sehr selten etwas von ihrem Menschen möchten und sich an diesen wenden. Den meisten Hunden, denen ich begegnet bin, war gemein, dass ihren Menschen empfohlen wurde, den Hund zu ignorieren, wenn man das Haus oder die Wohnung verlässt, dass man ihn stets warten lässt, wenn er Essen bekommen soll, dass man ihn ignoriert, wenn er sich an seinen Menschen wendet und die Interaktion erst einige Zeit später dann selbst mit dem Hund startet. Die Hunde waren an eine Box gewöhnt, wenn auch nur in der Anfangs- bzw. Welpenzeit genutzt, und schlafen/schliefen nicht im Schlafzimmer, sondern freiwillig separiert. Solche Fälle machen mich immer etwas traurig. Die Menschen dieser Hunde haben sich meistens, trotz gegenteiligem Bauchgefühl, auf gute Ratschläge verlassen. Herausgekommen sind dabei Hunde, die kapituliert haben. Wie würden Sie sich fühlen, wenn Sie immer ignoriert werden, wenn Sie Wünsche an ein Familienmitglied herantragen? Und macht es die Tatsache, dass sich dieses Familienmitglied hin und wieder, einige Zeit später dann doch Zeit für Sie nimmt, besser? Wie würden Sie sich fühlen, wenn Sie zur Tür gehen, weil Sie hören, dass jemand nach Hause kommt, Sie sich deshalb freuen, aber Ihre Begrüßung keinerlei Resonanz findet? Vor allem Letzteres empfinde ich als eine sehr lieblose Geste. Ich habe bisher niemanden kennengelernt, der auf solche Art und Weise mit seinen Kindern umgehen würde. Bei diesen Mensch-Hund-Beziehungen gebe ich

Würde Gioia die Interaktion so beginnen, wäre es eine Forderung.

den Ratschlag, den Hund öfter einzuladen – zum Schmusen, zum Spielen, zum gemeinsamen Schlafen im Schlafzimmer, wenn man das möchte. Das erleichtert viele Menschen. Denn eigentlich würden Sie etwas anderes leben, haben es bisher aber, aufgrund von Ratschlägen anderer, nicht getan.

Wenn Sie auf Ihr Bauchgefühl hören, werden Sie immer authentische Entscheidungen treffen. Vertrauen Sie darauf!

In einer Mensch-Hund-Beziehung sollte der Mensch mehr sein als derjenige, der seinem Hund nur Anordnungen gibt. Es geht um ein liebevolles, respektvolles Miteinander.

HANDLUNGEN BEENDEN UND AKZEPTANZ BEANSPRUCHEN

Seien Sie mit der Aufmerksamkeit bei Ihrem Hund, wenn Sie sich mit ihm befassen. Wenn Sie ein Fernsehprogramm verfolgen und gleichzeitig Ihren Hund streicheln, wird es Ihnen wahrscheinlich nicht auffallen, wenn dieser irgendwann aufsteht, um sich anderswo hinzulegen oder um sich anderen Dingen zu widmen. Wenn Sie sich unterhalten, während Sie gleichzeitig mit Ihrem Hund spielen, werden Sie vermutlich nicht bemerken, wenn dieser Sie irgendwann links liegen lässt, um anderes zu erledigen. Das mag Ihnen vielleicht nichts ausmachen, vor allem, weil Sie ja noch mit etwas anderem (Fernsehprogramm/

1

Unterhaltung) beschäftigt sind, aus Sicht des Hundes ist es allerdings als Frechheit Ihnen gegenüber zu werten. Wären Sie mit der Aufmerksamkeit gänzlich bei Ihrem Hund, z. B. wenn Sie ihn bürsten, ihm die Krallen schneiden, die Pfoten abtrocknen, Halsband, Geschirr oder Mantel anziehen, ihm die Zähne putzen oder auf Parasiten untersuchen, würden Sie ja sicher auch darauf bestehen, dass er wartet, bis Sie fertig sind. Er hat Sie und Ihr Handeln nicht zu ignorieren und davonzulaufen. Möchte er dies tun, halten Sie ihn auf, ziehen ihn zu sich zurück und beginnen von vorne. Warum sollte Ihr Anspruch hinsichtlich der Akzeptanz beim Schmusen oder Spielen ein anderer sein?
Beschäftigen Sie sich nebenbei mit anderen Dingen, fühlt sich Ihr Hund nicht wahrgenommen, weshalb es nur natürlich ist, dass er sich irgendwann auf anderes konzentrieren will. Geht es uns Menschen doch genauso. Tippt unser Gegenüber beispielsweise auf dem Handy herum, während wir ihm etwas erzählen bzw. vermeintlich unterhalten oder liest er nebenbei die Zeitung, empfinden wir die Unterhaltung auch als hinfällig.

Wichtig

Ihre hundertprozentige Aufmerksamkeit spiegelt die Wertschätzung Ihrem Hund gegenüber.

Sprichwörlich „im Regen stehen"

Wie oft kommt es vor, dass Sie mit Ihrem Hund spielen und dieser irgendwann während des Spiels zu einem Grasbüschel, Strauch oder zum Gartenzaun geht, um dort zu schnüffeln oder auch zu markieren. Während er sich vermeintlich wichtigeren Dingen zuwendet, lässt er Sie einfach stehen. Wenn Sie ihm diese Ignoranz im Spiel zugestehen, sollten Sie nicht den Anspruch haben, dass er sich anders verhält, wenn er ein Kommando in einer Situation ausführen soll, die für ihn wesentlich interessanter ist als der Grasbüschel, den er nur markieren wollte. Reagieren Sie, wenn er Sie ignoriert.

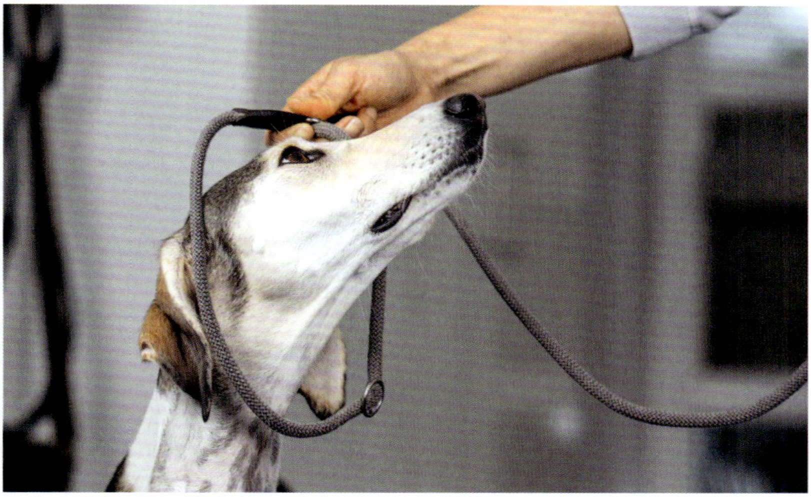

2

3

Reaktion bei Ignoranz

Nun macht es jedoch keinen Sinn, mit dem Spielzeug zu wedeln oder anderweitig auf sich aufmerksam zu machen, um den Abtrünnigen wieder zurück zum Spiel zu locken. Dies kommt einer flehenden Bitte gleich, sich wieder mit Ihnen zu befassen. Genauso kontraproduktiv und herabwürdigend wäre es jedoch, sich diese Missachtung ohne Einwand gefallen zu lassen. Entweder Sie rufen nun Ihren Hund mittels einer intuitiven Ansprache zu sich: *„He, aber schleunigst wieder hierher!"* oder *„Aber Freundchen, kommst Du wieder her!"* oder, wenn dies mit großer Wahrscheinlichkeit ebenfalls ignoriert werden würde, gehen Sie zu Ihrem Hund, um dann eine kurze Gesundheitskontrolle durchzuführen. Schauen Sie einfach kurz Pfote(n) oder Ohr(en) oder Gebiss an. Halten Sie Ihren Hund dabei aber nicht fest, weder ihn direkt, noch an Halsband oder Leine, denn es geht auch hier darum, dass er Ihre Handlungen akzeptiert. Diese Regel gilt generell und nicht nur in diesem Moment. Auch wenn Sie sonst etwas an Ihrem Hund kontrollieren wollen, hat er dies hinzunehmen. Will er während der Kontrolle weglaufen, holt man ihn freundlich, aber bestimmt wieder zurück und startet erneut. Wurde Ihre Kontrolle seitens des Hundes (dann) akzeptiert, kann er wieder tun, was er möchte. Sollte ihm dann einfallen, dass er gerne wieder mit Ihnen spielen will, würde ich darauf jedoch nicht eingehen, sondern nun den Spaziergang fortsetzen oder den Auslauf auch einfach beenden und wieder nach bzw. ins Haus(e) gehen, wenn man nur draußen war, um mit seinem Hund zu spielen. Selbstverständlich darf auch ein Hund das Interesse am Spielen mit Ihnen verlieren. Dies an sich stellt noch keine Frechheit dar. Es kommt darauf an, wie er sich daraufhin verhält. Läuft er einfach weg, ist dies unverschämt Ihnen gegenüber. Schaut er sie jedoch

1. Bei Blickkontakt hat man immer eine Interaktion.

2. Ist man unaufmerksam, kann der Hund gehen, ohne, dass es auffällt.

3. Auch beim Anleinen sollte der Hund bei der Sache sein.

an und wedelt eventuell leicht mit der Rute, rennt aber nicht weiter oder jagt dem Spielzeug nicht noch einmal hinterher, können Sie ihn getrost seiner Wege gehen lassen, da er Ihnen mit seinem Blickkontakt eindeutig seine Aufmerksamkeit geschenkt hat.

Aufmerksamkeit durch Streicheln

Das Streicheln oder auch das Schmusen mit dem Hund geschieht häufig beiläufig. Man liest, schaut in den Fernseher, das Notebook oder Smartphone, telefoniert oder unterhält sich, während man sich gleichzeitig mit seinem Hund befasst. Nicht selten reicht es diesem irgendwann und er geht davon. Dem Menschen fällt dies dann nicht auf, da er ja noch anderweitig beschäftigt ist. Deshalb nochmals mein Appell an Sie, sich klar zu entscheiden, ob Sie sich Ihrem Hund zuwenden möchten und dann die Dinge zu unterbrechen, mit denen Sie sich bis dahin beschäftigt haben, oder ob Sie sich lieber weiterhin mit diesen Dingen beschäftigen, mit der Konsequenz, in diesem Moment Ihrem Hund keine Aufmerksamkeit zu schenken.
Natürlich darf Ihr Hund zeigen, dass er (nun) genug hat und nicht mehr gestreichelt werden möchte. Solange Sie jedoch noch streichelnderweise mit ihm beschäftigt sind, hat er nicht davonzulaufen. Möchte er dies, ziehen Sie ihn mit netter Ansprache zurück und streicheln ihn weiter. Erkennen Sie, dass er Ihr Handeln akzeptiert, ist es bei Ihnen, zu entscheiden, wie lange Sie ihn noch streicheln möchten. Übertreiben Sie es nicht. Wenn Sie Akzep-

1

2

tanz erkennen konnten, streicheln Sie ihn noch zwei, drei Mal und lassen ihn dann gehen. Sie müssen ihn aus dieser Situation nicht aktiv mit verbaler Ansprache entlassen. Es genügt, wenn Sie die Hände wegnehmen und ihn auch nicht mehr ansehen. Dann ist für Ihren Hund klar ersichtlich, dass Sie Ihre Handlung beendet haben. Ein intuitives *„Geh ruhig!"* oder *„Ja, lauf!"* darf natürlich trotzdem sein. Wohlgemerkt, als intuitive Ansprache und nicht als Kommando.
Neben dem bewussten Schmusen, erhalten Hunde, vor allem die, die eine entsprechende Größe haben, sodass man Sie auch stehend gut erreichen kann, immer mal wieder auch Streicheleinheiten, wenn man Ihnen zu Hause in den eigenen Räumlichkeiten begegnet oder auch, wenn sie auf dem Spaziergang von sich aus zu ihrem Menschen zurückkommen. Achten Sie auch hier darauf, dass der Hund, wenn er gestreichelt wird, nicht einfach weiterläuft. Er sollte kurz warten, ob die streichelnde Hand ein zweites oder drittes Mal kommt oder ob es ein einmaliger Streichler war.

Seien Sie achtsam, wo Sie sich mit Ihrer Aufmerksamkeit befinden und beanspruchen Sie die Akzeptanz Ihrer Handlungen, dann wird die Ignoranz Ihres Hundes hinsichtlich Ihrer Person und Ihres Handelns automatisch abnehmen. Dabei sollte Ihre Aufmerksamkeit während einer Interaktion in demselben Maß vorhanden sein, wie die Ihres Hundes.

1. Chinta wird von Christa gestreichelt.

2. Christa ist nicht bei der Sache und Chinta will gehen.

3. Christa fällt es auf und holt Chinta zurück.

3

GEMEINSAM DRAUSSEN

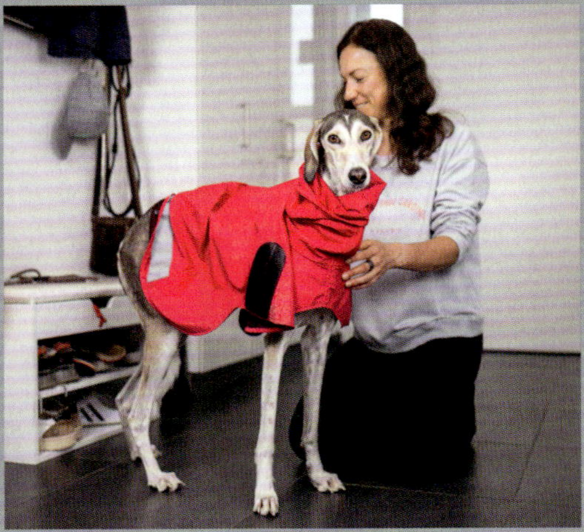

FERTIG MACHEN FÜR DEN SPAZIERGANG

Kommandos sollten nicht verwendet werden, damit der Hund sich in Ruhe anziehen oder das Halsband anlegen lässt.

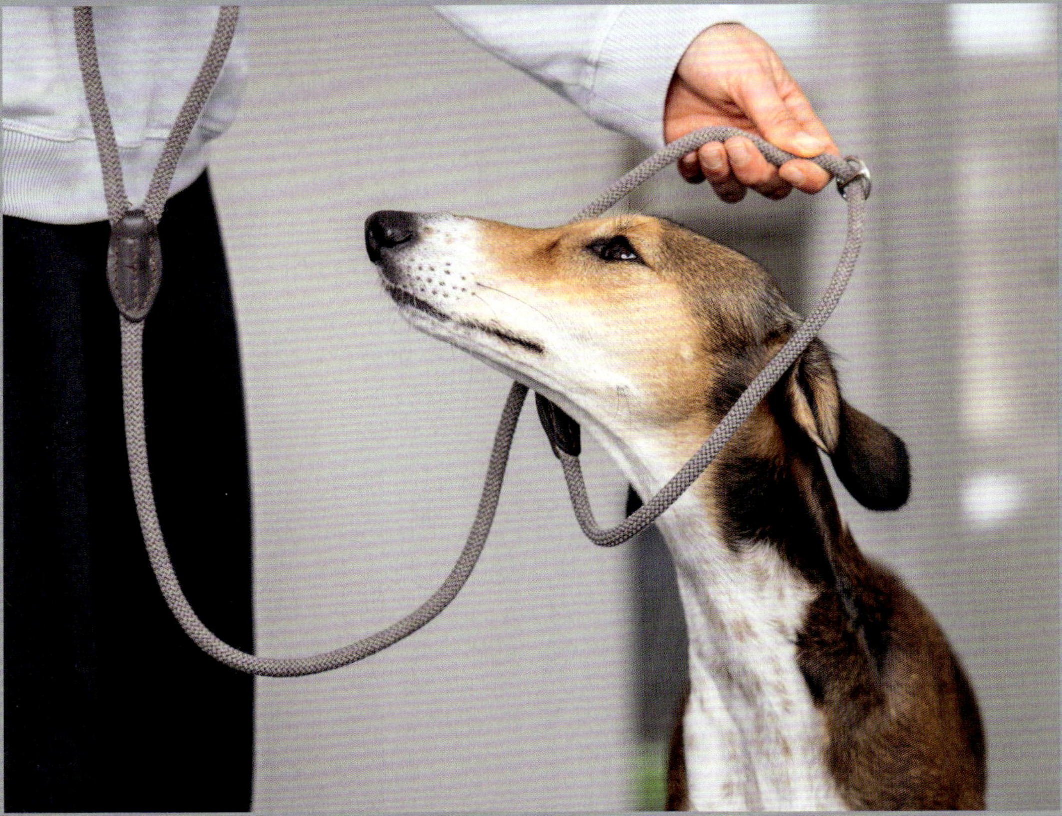

Vor dem Spaziergang

Jeder Spaziergang beginnt noch hinter der verschlossenen Tür. Denn achtet der Hund bereits zu Hause nicht auf uns, bevor wir überhaupt losgehen, wird es schwierig, dies auf dem Spaziergang zu ändern.

Die meisten Hunde freuen sich, wenn sie merken, dass man sich für den Spaziergang fertig macht. Endlich gibt es wieder etwas zu erleben. Auch wenn Ihr Hund aufgeregt ist und durch die Gegend läuft, vielleicht sogar herumspringt, würde ich ihm kein statisches Kommando geben, nur damit er Ruhe gibt. Wenn ein Kind in die Hände klatschend herumspringt, weil es sich freut, dass man jetzt gleich mit ihm zum Spielplatz geht, kommt man doch auch nicht auf die Idee, ihm anzuordnen, sich auf einen Stuhl zu setzen. Wenn überhaupt, würde man das Kind doch eher verständnisvoll beruhigend ansprechen, als ihm durch das „Fesseln an den Stuhl" einen Teil seiner Freude zu nehmen.
Gleiches gilt für das vierbeinige Familienmitglied. Lassen wir ihm doch seine Freude. Solange er nicht pöbelt, dass wir uns beeilen sollen, indem er uns anbellt oder uns anrempelt, während wir uns im Flur gerade mit Schuhen und Jacke ausstatten, gibt es keinen Grund, ihn zu maßregeln.

ANLEINEN IM HAUS

Wenn wir den Hund dann für den Spaziergang mit Halsband und Leine oder Geschirr und Leine herrichten, ist auch für das Anziehen kein Kommando notwendig. Ist der Hund noch nicht bei uns, rufen wir ihn durch intuitive Ansprache zu uns: *„Mäuslein, komm, wir gehen!"* oder so etwas in der Art. Seien Sie einfach auch hier ganz Sie selbst und sprechen Sie Ihren Hund so an, wie es für Sie in dieser Situation passt. Unser Hund hat ja bereits gelernt, dass er Handlungen von uns an ihm zu akzeptieren und somit zu warten hat, bis wir diese beendet haben.

Hinweis

In den eigenen vier Wänden ist die intuitive Ansprache meist ausreichend, um den Hund zu lenken.

1

2

Das bedeutet in diesem Moment, dass er von sich aus zu warten hat, bis wir mit dem Anlegen von Halsband oder Geschirr fertig sind. Möchte er zwischendurch weglaufen oder hält nicht still, pausieren wir mit dem Anziehen. Wenn er weglaufen möchte, halten wir ihn auf und ziehen ihn zu der Stelle zurück, an der wir ihn anziehen möchten. Dann beginnen wir wieder mit dem Anziehen. Wenn er zwar auf einer Stelle bleibt, aber einfach nicht stillhalten will, halten wir ihn sanft aber bestimmt fest, bis wir merken, dass er ruhiger wird.
In beiden Fällen können wir unsere taktile Korrektur auch durch eine verbale unterstützen: *„Jetzt bleib mal da!“* oder *„He, ich bin noch nicht fertig!“* Natürlich müssen wir auch hier auf unseren Tonfall achten, der vermitteln soll und muss, dass uns dieses Verhalten nicht gefällt.
In Abhängigkeit der äußeren Gegebenheiten (wohnen wir an der Hauptstraße oder am Waldrand) und der Folgsamkeit unseres Hundes (befolgt er seine Kommandos zuverlässig oder eben noch nicht), können bzw. sollten wir unseren Hund durch eine Leine sichern, bevor wir die Türe öffnen.

DAS ZUHAUSE VERLASSEN

Wir sind jetzt fertig für den Spaziergang und der nächste Schritt ist, unser Zuhause zu verlassen. Ein Moment, der nicht mal eine Minute in Anspruch nimmt, aber wichtig ist für

3

4

den Grad der Aufmerksamkeit seitens unseres Hundes auf dem bevorstehenden Spaziergang.
Ganz gleich, durch wie viele Türen oder Tore wir gehen müssen, wir achten stets darauf, dass wir diese für uns und nicht für unseren Hund öffnen. Steht er schon an der Tür und weicht nicht zurück, wenn wir herantreten, dann schieben wir ihn einfach ein Stück nach hinten. Wir warten dann einen kurzen Moment, damit wir erkennen können, ob er unsere Korrektur annimmt. Läuft er wieder zur Tür, wiederholen wir den Vorgang. Erkennen wir seine Akzeptanz, können wir die Tür öffnen. Versucht er sich durch einen schmalen Spalt hindurchzudrängeln, ziehen wir ihn erneut nach hinten oder blockieren ihn mit einem Bein und schieben ihn mit diesem ein Stück zurück. Um ihn nach hinten zu ziehen, verwenden wir nach Möglichkeit weder Leine, noch Halsband oder Geschirr, sondern umgreifen ihn mit beiden Händen an der Taille. Haben wir die Tür so weit geöffnet, dass wir gemeinsam mit unserem Hund durch den Türrahmen gehen könnten, darf er dies natürlich auch vor uns tun.

Möchten wir mit unserem Hund durch einen Türrahmen gehen, gilt in diesem Moment nur die Regel, dass er uns nicht missachtet, indem er drängelt oder rempelt. Wenn er dies unterlässt, darf er auch vor uns gehen.

1. Ich gehe zur Haustür und öffne diese für mich.

2. Im Türrahmen ist nur für mich ausreichend Platz.

3. Auch jetzt wird nicht gedrängelt.

4. Es ist genug Platz, dass die Mädels auch hinaus können.

Entspannt laufen an kurzer Leine

Kann sich unser Hund regelmäßig ohne Leine bewegen und seinen Bewegungsdrang befriedigen, können wir von ihm durchaus erwarten, dass er uns auch ordentlich an der Leine begleitet.

Auch ohne Leine muss die Distanz nicht größer sein.

Selbstverständlich ist es schön, wenn man mit seinem Hund ohne Leine unterwegs sein kann und er sich trotzdem an uns orientiert und ansprechbar ist. Innerhalb von Städten und Gemeinden ist es jedoch in der Regel vorgeschrieben, den Hund an der Leine zu führen. Auch gibt es Regeln während der Brut- und Setzzeit und in Naturschutzgebieten, die eine Leinenpflicht vorschreiben. Ein Spaziergang durch den Ort oder die Stadt kann eine gelungene Abwechslung sein, die den Hund zwar körperlich weniger fordert, mental jedoch aufgrund der vielen Eindrücke durchaus anstrengend im positiven Sinne sein kann. Ein kurzer Aufenthalt in der Stadt, vor allem dann, wenn der Hund das nicht gewohnt ist, kann im Anschluss genauso Ruhe fordern, wie ein stundenlanger Spaziergang in der Natur.

RESPEKT VOR DEM MENSCHEN

Hat ein Hund gelernt, an kurzer Leine zu laufen, ohne zu ziehen, ist es allein von der Person am anderen Ende der Leine abhängig, ob er dies auch tut oder nicht. Der Respekt der Person

Das Laufen an der Leine sollte für Hunde keine Strafe sein.

gegenüber entscheidet, ob er auf sie achtet und entsprechend nicht zieht, oder ob er sie missachtet und er ziehend seinen Weg verfolgt, weil ihm gleichgültig ist, wohin der Leinenhalter möchte.

Beispiel: Bei einem Wanderwochenende in den Vogesen mit meinen Kunden kam mir ein Teilnehmer mit seinem Hund mit gespannter Leine entgegengelaufen. Ich wusste, dass man dem Hund das Laufen an der Leine beigebracht hatte. Dennoch zog er seinen Menschen achtlos hinter sich her, um die anderen Teilnehmer, die er teilweise auch kannte, und mich zu begrüßen. Auch am Tag darauf sah ich immer wieder solche Szenen. Irgendwann fragte ich, ob ich den Hund einmal nehmen dürfe. Ich wollte sehen, ob er tatsächlich nicht mehr wusste, welche Regel es beim Laufen mit der Führleine gab. Ich übernahm also nach Zustimmung die Leine, machte den Hund darauf aufmerksam, dass wir jetzt gemeinsam weitergehen („Kosename und intuitive Ansprache" – *„Brownie, jetzt gehen wir zusammen!"*) und siehe da, er hatte es nicht vergessen, im Gegenteil. Fast hätte man mit der Hundeleine Springseil springen können, so weit hing sie durch.

BEWEGUNGSFREIHEIT

Regelmäßige Bewegung ohne Leine sehe ich als eine Grundvoraussetzung, um vom Hund einen respektvollen Umgang erwarten zu können. Ihm diese zu ermöglichen, zählt zu den Pflichten eines Hundehalters, allein aus Respekt dem Hund gegenüber, den man in sein Leben geholt hat. Suchen Sie also bitte auf jeden Fall nach Möglichkeiten, Ihrem Hund diese Bewegung zu gewähren (siehe auch S. 82, 110).

1

2

1. Die Leine (1 Meter) ist am Halsband befestigt.

2. Am Geschirr spielt die Leinenlänge keine Rolle, wenn mit Halsband trainiert wird.

Anmerkung: Dem Dobermann musste aus medizinischen Gründen die Rute amputiert werden.

HALSBAND ODER GESCHIRR

Folgt ein Hund im Freilauf zuverlässig, sodass er nicht durch eine Schleppleine gesichert werden muss, und wird er niemals mit einer Rollleine ausgeführt, hat man die freie Wahl, ob man ihm das Laufen an lockerer, kurzer Leine mit Halsband oder Geschirr beibringen möchte. Nutzt man hingegen eine Schleppleine, die immer an einem Geschirr befestigt sein sollte, um das Verletzungsrisiko möglichst gering zu halten, dann kann man das Laufen an lockerer Leine nicht an einem Geschirr beibringen. Gleiches gilt, wenn man, und sei es nur gelegentlich, eine Rollleine verwendet. In beiden Fällen muss der Hund immer ein gewisses Maß an Kraft aufbringen, um voranzukommen. Er muss also ziehen. Und genau dies möchte man ja vermeiden, wenn der Hund an der kurzen Leine läuft. Ich persönlich bevorzuge für das An-der-Leine-Laufen Halsbänder, für meine eigenen Hunde verwende ich sogenannte „Moxonleinen", lasse sie also immer ohne Halsbänder laufen.

Nutzen wir Roll- oder Schleppleine, bringen wir das Laufen an kurzer Leine unbedingt in Verbindung mit dem Halsband bei. Kann unser Hund ohne Sicherung frei laufen, haben wir die Wahl zwischen Halsband oder Geschirr, um ihm das Laufen an der Führleine beizubringen. Zieht er jedoch noch häufig an der kurzen Leine, benötigen wir ebenfalls ein Geschirr, um dort, wo eine Leine vorgeschrieben ist, z. B. in der Stadt, trotzdem voranzukommen.

VORAUSSETZUNGEN FÜR EINE LOCKERE LEINE

Sehr häufig wird es dem Hund im Grunde unmöglich gemacht, zu verstehen, dass er an der kurzen Leine nicht ziehen soll. Denn, so banal es klingt, die wichtigste Voraussetzung ist eine immer gleiche Leinenlänge.
Ob nun Halsband oder Geschirr, für unseren Hund ist es wichtig, dass er den Radius kennt, der ihm zur Verfügung steht. Verwenden Sie deshalb eine kurze Leine:
– Sie sollte so lang sein, dass Ihr Hund mit der Nase den Boden gut erreichen kann, ihm das Schnuppern also uneingeschränkt möglich ist.
– Sie sollte so kurz sein, dass Sie nicht dazu neigen, die Leine an unterschiedlichen Punkten festzuhalten oder sie um Ihr Handgelenk zu wickeln.

Die richtige Länge

Wählen Sie eine Leine, mit der Sie, wenn Sie sie am Ende festhalten, entspannt laufen können und die auch Ihren Hund beim Laufen nicht behindert. Normalerweise, in Abhängigkeit von der Größe Ihres Hundes, wird die Länge sich etwa auf einen Meter belaufen.
Diese Leinenlänge bevorzuge ich persönlich und habe allen meinen Hunden das Laufen an lockerer Leine damit beigebracht. Nicht, weil ich dem Hund möglichst wenig Raum zur Verfügung stellen möchte, sondern weil man bei dieser Länge eher nicht dazu neigt, die Leine noch einmal nachzufassen, womit sich der Radius ja wieder verändern würde. An einer Meterleine ist es meinem Hund trotzdem noch möglich zu schnuppern und auch sich zu lösen. Kürzere Leinen halte ich deshalb nicht für praktikabel.

Doppelleinen

Doppelleinen empfehle ich nur, wenn die Menschen Sorge haben, den Hund allein mit dem Halsband nicht halten zu können. Dann wird ein Karabiner am Halsband befestigt und der zweite Karabiner am Geschirr. Hier ist aber darauf zu achten, dass der Zug zuerst am Halsband entsteht, wenn der Hund die Leine unter Spannung bringt.

Anubis hier beispielhaft zusätzlich am Geschirr gesichert.

LAUFEN AN LOCKERER LEINE

Trainieren Sie lieber kurz, aber dafür korrekt, als lang, aber dafür halbherzig. Qualität geht vor Quantität.

Sollte Ihr Hund die Leine auf Spannung bringen, bleiben Sie stehen, ziehen ihn sachte zu sich zurück, lassen die Leine gleich wieder locker und warten einen kurzen Augenblick, um zu sehen, ob Ihr Hund die Korrektur akzeptiert. Läuft er sofort wieder in die Leine, wiederholen Sie den Vorgang. Akzeptiert er die Korrektur, laufen Sie weiter.

Vor allem wenn Ihr Hund häufig zieht, trainieren Sie die Leinenführigkeit bitte nur in kurzen Sequenzen mit wenigen Minuten. Ein permanenter Druck bzw. Zug auf die Strukturen am Hals wie Halswirbel, Kehlkopf, Schilddrüse, Luft- und Speiseröhre, Lymphknoten, Muskeln, Nerven, Blutgefäße und Faszien sollte vermieden werden. Denn das kann nicht nur lokal zu Schädigungen führen, sondern sich auf den gesamten Körper auswirken.

Haben Sie einen Hund, der noch häufig zieht, oder Sie selbst haben nicht die Zeit oder die Geduld, über eine längere Strecke auf die Leinenführigkeit Ihres Hundes zu achten und diese gegebenenfalls konsequent einzufordern, behelfen Sie sich vorübergehend mit einem Geschirr. Trainieren Sie die Leinenführigkeit mit dem Halsband, so wie es Ihrem Hund guttut und es Ihre Zeit zulässt, und laufen Sie sonst mit Ihrem Hund mit der Leine am Geschirr. An diesem darf Ihr Hund dann allerdings ziehen und wird auch nicht korrigiert.

Ziel ist es, dass Sie entweder mit Ihrem Hund mit kurzer Leine unterwegs sind, vor allem da, wo es vorgeschrieben ist, oder sonst frei und somit ohne Leine.

Lob für eine lockere Leine?

Lob hinsichtlich der Leinenführigkeit macht aus meiner Sicht aus zweierlei Gründen keinen Sinn. Zum einen lobt man grundsätzlich immer das, was der Hund gerade denkt, was nicht immer oder sogar sehr selten dem entspricht, was der Hund auch gerade tut. Wenn unser Hund also an entspannter Leine mit uns mitläuft, ist die Wahrscheinlichkeit, dass er gerade darüber nachdenkt, dass er uns nicht hinterherzerren wird, wohl eher gering. Welcher Gedankengang auch immer ihm gerade durch den Kopf geht, während er neben uns herläuft, es wäre genau der Gedanke, den wir dann loben. Sei es, dass er gerade darüber nachdenkt, bei der nächsten Gelegenheit die Katze des Nachbarn zu jagen oder auch einfach nur an den nächsten Baumstumpf zu pinkeln.

Die einzige Situation, in der sich der Hund an der Leine befindet, ohne ein Kommando ausführen zu müssen und in der wir ihn sinnvoll loben können, ist, wenn er von sich aus Blickkontakt zu uns aufnimmt. Aber auch dann loben wir ihn für die Aufmerksamkeit uns gegenüber und nicht für das Laufen an lockerer Leine. Zum anderen macht Lob meiner Meinung nach keinen Sinn vor dem Hintergrund der Selbstachtung des Menschen. Muss ich ein Lebewesen dafür loben, dass es mich nicht wie einen Kartoffelsack hinterherschleppt? Noch dazu, wenn es sich dabei um ein Lebewesen handelt, um dessen körperliche und geistige Unversehrtheit ich mich stets nach bestem Wissen und Gewissen bemühe? Die Antwort auf diese Frage muss natürlich jeder für sich selbst beantworten. Für mich stellt es eine Selbstverständlichkeit dar, dass man mich auch in dieser Situation nicht missachtet und somit auch ein Lob nicht notwendig ist.

LEINENFÜHRIGKEIT ÜBEN

5 Schritte im Überblick

1. Chinta läuft ordentlich, ohne zu ziehen, an der kurzen Leine.

2. Die Leine spannt. Ich bleibe stehen.

3. Ich ziehe Chinta sachte zu mir zurück.

4. Ich lasse die Leine wieder locker und warte kurz, ob Chinta die Korrektur annimmt.

5. Chinta läuft an lockerer Leine mit mir weiter.

1

2

1. Amy will innerhalb ihres Leinenradius etwas aufnehmen.

2. Dagmar korrigiert sie, indem sie sie zurückschiebt.

Beim Laufen an der kurzen Leine gibt es für den Hund nur eine Regel zu beachten – es wird nicht gezogen!
Möchte er innerhalb des ihm zur Verfügung stehenden Leinenradius etwas tun, was wir nicht möchten, z. B. an einem Kothaufen schnüffeln, so ziehen wir ihn nicht einfach mit der Leine weg, sondern geben ihm das entsprechende Abbruchsignal („Name, Nein"), so wie wir es auch im Freilauf geben würden. Möchten wir, dass der Hund näher bei uns läuft, als es der Leinenradius erlaubt, ziehen wir ihn nicht mit der Leine näher an uns heran, sondern geben ihm das Kommando, dass er bei uns laufen soll („Name, Hier").

Stadtspaziergang

Vermeiden Sie es, an stark befahrenen Straßen zu laufen. Die Geruchsbelastung durch Abgase ist enorm hoch, ganz zu schweigen von der Schadstoffbelastung, auch durch Feinstaub. Dies ist weder Ihrer Gesundheit noch der Ihres Hundes zuträglich. Der Hund ist aufgrund seiner geringeren Körpergröße den Abgasen in einem größeren Ausmaß als Sie ausgesetzt, da er sich mit seinem Kopf auf Höhe der Auspuffrohre befindet.
Verzichten Sie im Sommer, wenn es heiß ist, darauf, sich auf asphaltierten Flächen zu bewegen. Der Boden heizt sich unter Sonneneinstrahlung enorm auf und dies kann u. U. sogar zu Verbrennungen an den Pfoten führen.

Mit dem Auto zum Spaziergang

Genauso, wie der Hund seinen Menschen vor dem Verlassen des Hauses oder der Wohnung nicht missachten sollte, fordert man auch vor dem Aussteigen aus dem Auto die Aufmerksamkeit ein.

Starten wir nicht von zu Hause aus mit dem Spaziergang, sondern nehmen das Auto, sollten wir auch hier beim Aussteigen des Hundes aus dem Auto darauf achten, dass er uns nicht missachtet. So können wir dafür Sorge tragen, dass er nicht unkontrolliert das Auto verlässt und je nach Örtlichkeit zur Gefahr für sich und andere wird, indem wir in aller Ruhe nach möglichen Gefahrenquellen, wie z. B. anderen Verkehrsteilnehmern, schauen. Darüber hinaus wird es Auswirkungen auf den Spaziergang an sich haben, wenn Ihr Hund unmittelbar vor diesem Ihnen erst einmal seine Beachtung schenken muss. Fordert man in diesem Moment keine Aufmerksamkeit ein, wird dies auch in der Folge schwieriger sein.

TRANSPORT IM AUTO

Wo wir den Hund im Auto transportieren, ist im Grunde Geschmackssache. Nach Straßenverkehrsordnung muss auch der Hund im Sinne einer Ladung gesichert sein. Fährt er im Kofferraum mit, genügt ein Netz oder Gitter als Abtrennung zum Fahrgastraum, sicherer ist natürlich eine eingebaute Hundebox.
Fährt Ihr Hund auf der Rückbank oder dem Beifahrersitz mit, sollte er entweder auch in eine Box kommen

Wägen Sie gut ab, wo Sie Ihren Hund im Auto transportieren.

oder angeschnallt werden. Letzteres unbedingt an einem Geschirr und auf keinen Fall am Halsband, da es bei einem Unfall zu enormen Verletzungen kommen kann. Bedenken Sie bitte, dass die Möglichkeit, dass Ihr Hund bei einem Heckunfall verletzt wird, sehr viel größer ist, wenn er sich im Kofferraum befindet. Diese Tatsache hat mich dazu veranlasst, meine Hunde nicht im Kofferraum, sondern auf dem Rücksitz im Auto mitfahren zu lassen. Oft erschreckt es mich, wenn ich sehe, wie große Hunde in den Kofferraum eines kleinen Autos gepfercht werden. Verursacht man selbst einen Auffahrunfall, ist dies zwar von Vorteil, da der Hund aufgrund der geringen Bewegungsfreiheit nicht zu einer Gefahr für die Autoinsassen wird. Fährt uns allerdings jemand von hinten auf, kann dies im schlimmsten Fall für den Hund tödlich enden.

Fraglich, ob der Kofferraum der sicherste Platz ist.

AUSSTEIGEN AUS DEM AUTO

Sind wir angekommen, öffnen wir entweder entsprechend die Tür oder die Heckklappe und eventuell die Tür der Box oder den Sicherheitsgurt im Auto, sodass unser Hund frei im Auto stehen kann.
Hilfreich ist es, wenn für den Hund eine sichtbare Grenze erkennbar ist, die er nicht überschreiten darf. Auf Beifahrer- oder Rücksitz ist dies simpel. Dort muss er mit allen vier Füßen auf dem Sitz bleiben oder auch in seiner Box (wenn vorhanden). Befindet er sich im Kofferraum, haben wir mehrere Möglichkeiten. Entweder muss er mit allen vier Füßen in der Box bleiben oder er darf nur bis zur Kofferraumkante oder er darf bis auf die Stoßstange. Entscheiden Sie, was für Sie in Ordnung ist.
Möchte er nun einfach an uns vorbei nach draußen drängen und überschreitet diese Grenze, schieben wir ihn ein Stück zurück. Am besten gelingt dies, indem man dem Hund einfach eine Hand auf die Brust legt. Wie immer, geht es auch in diesem Moment darum, dass er unsere Korrektur wahrnimmt und annimmt. Also nehmen wir die Hand wieder von unserem Hund weg. Will er die Grenze gleich wieder überschreiten, wiederholen wir unser Tun, und zwar so oft, bis für uns Akzeptanz erkennbar ist. Unser Hund wartet also, bis wir ihm das Kommando für das Aussteigen geben („Name, Hopp“). Sollte es ihm gelungen sein, das Auto ohne unsere Aufforderung zu verlassen, bugsieren wir ihn wieder hinein und fordern erneut Akzeptanz ein.

Ableinen als Selbstverständlichkeit

Wird das Ableinen zelebriert, bekommt auch der Freilauf eine besondere Bedeutung. Leint man hingegen einfach ab, läuft der Hund in der Regel entspannt weiter, anstatt davonzustürmen.

Der Freilauf bzw. der Lauf mit der Schleppleine sollte keine Besonderheit sein, sondern im Alltag regelmäßig, bestenfalls täglich, stattfinden. Und so sollte auch der Moment des Ableinens ein alltäglicher und somit ein selbstverständlicher sein.
Ich gebe meinen Hunden zum Ableinen kein Kommando. Würde ich in diesem Moment ein Kommando geben, würde ich ihm dadurch eine besondere Bedeutung zukommen lassen. Die Erfahrung hat gezeigt, dass Hunde, die vor dem Ableinen ein Kommando ausführen oder auch nur ihre Freigabe abwarten müssen, sogleich losstürmen. Es macht den Anschein, als hätte man sie in eine imaginären Startbox gesetzt, deren Tür mit der Aussprache unserer Freigabe aufschnellt und die Hunde herausschießen lässt, keinen Gedanken mehr an uns verlierend, sondern nur auf das fokussiert, was sich vor der Startbox befindet.
Leine ich meine Hunde ab, tue ich das nicht beiläufig, während ich gehe, sondern ich bleibe dazu bewusst stehen. Meine Hunde sollen wahrnehmen, dass sie sich nicht mehr an der kurzen Leine befinden, damit ihnen bewusst ist, dass sie nun einen größeren Radius zur Verfügung haben und nicht mehr darauf achten müssen, dass sie die Leine nicht auf Spannung bringen.
Da meine Hunde häufig miteinander spielen, lasse ich sie meistens ohne Halsband laufen, damit es im Spiel nicht zu Verletzungen durch die Halsbänder kommen kann.
Ich bleibe also stehen und ziehe ihnen die Halsungen der Moxonleinen über die Köpfe. Gioia schaut mich dabei von sich aus an, Enisa tut dies nicht. Ich lege darauf aber auch keinen Wert. Nur weil der Hund in diesem Moment Blickkontakt zu seinem Menschen hat, bedeutet dies nicht, dass er im Freilauf aufmerksamer und von seinem Menschen besser ansprechbar sein wird. Dann gehen wir, ohne ein Kommando oder sonstige Äußerung, los. Möchte Ihr Hund trotz dieses Vorgehens gleich losrennen, könnten Sie dies mit seinem Abbruchsignal („Name, Nein“) unterbinden, falls nötig.

Ableinen gehört zum Alltag, wie Anleinen auch.

Spaziergang mit Freilauf

Regelmäßige Bewegung stellt für Hunde ein Grundbedürfnis dar, das von uns Menschen zu befriedigen ist. Denn nur, wenn dies der Fall ist, können wir von unserem Hund Verlässlichkeit hinsichtlich der Ausführung der an ihn gerichteten Kommandos erwarten.

In der Natur unterwegs zu sein, erfüllt mich und macht einen Großteil meiner Lebensqualität aus. Dass meine Hunde mich dabei meist ohne Leine begleiten, spiegelt für mich die Qualität unserer Beziehung wider. Es ist für mich persönlich ein Parameter dafür, ob es mir gelingt, meinen Hunden ein erfülltes Leben zu bieten, sodass sie bereit sind, meine Regeln im Zusammenleben auf allen Ebenen zu akzeptieren, bei mir leben möchten und mich gerne im Alltag begleiten. Das soll jedoch nicht bedeuten, dass Menschen, die ihren Hund nicht ohne Leine laufen lassen (können), eine schlechte Beziehung zu ihrem Hund haben. Die Ursachen hierfür sind individuell, vielfältig und mitunter komplex. Es ist an jedem selbst zu erkennen, welche Gründe ihn davon abhalten, den Hund nicht ohne Leine laufen zu lassen. So können z. B. von außen gesehen unbegründete Ängste genauso dafür verantwortlich sein, wie die begründete Tatsache, dass der Hund schlicht seine Kommandos noch nicht kennt und dadurch ein Freilauf noch nicht ausführbar ist. Wenn ein Spaziergang ohne Leine nicht regelmäßig möglich ist, sollte man nach einer Alternative suchen, dass sich der Hund trotzdem frei bewegen kann. Sei es im Garten, auf einer Freilauffläche, auf dem Gelände einer Hundeschule oder auf einer Fläche, die so gelegen ist, dass man mit großer Wahrscheinlichkeit davon ausgehen kann, dass nichts von dem passieren kann, was man sich in seiner Fantasie ausmalt.

Das Wichitigste ist zu erkennen, was der Hund als nächstes tun möchte.

HUNDE MIT GROSSEM BEWEGUNGSDRANG

Hunde mit großem Bewegungsdrang, die diesen nicht ausleben können, haben immense Schwierigkeiten auf Spaziergängen, ein mäßiges Tempo zu halten. Sie scheinen schier zu platzen, weil sie ihre Energie nicht loswerden können. Die Unzufriedenheit aller Beteiligten nimmt folglich von Spaziergang zu Spaziergang zu. Der Hund wird immer angespannter, hibbeliger und auch immer weniger ansprechbar durch seinen Menschen. Der Mensch wiederum weiß sich immer weniger zu helfen, wird immer frustrierter, weil der Hund sich immer weniger von sich aus an ihm orientiert und darüber hinaus auch seltener reagiert. Ein Teufelskreis, den es zu durchbrechen gilt. Leint man einen Hund, der über Wochen oder Monate, wenn überhaupt nur an der Schleppleine einen etwas größeren Radius zur Verfügung hatte, dann auf freiem Feld ab, wird dieser genau eines tun, und zwar rennen. Das wiederum versetzt viele Menschen geradezu in Panik, weil ihr Hund unkontrollierbar seine Kreise zieht. Er reagiert in diesem Moment sicher nicht auf die Ansprache seines Menschen, mit dem Ergebnis, dass er nach diesem Erlebnis wieder nur an der Schleppleine laufen darf.

DER RICHTIGE ORT

Darf der Hund das erste Mal ohne Leine laufen und nutzt dies sogleich, um herumzutollen, dann macht es mehr Sinn, sich an diesem Spiel zu beteiligen, als zu versuchen, ihn gleich wieder auszubremsen. Optimalerweise wählt man also einen Ort, an dem die Wahrscheinlichkeit, dass der Hund sich oder andere in Gefahr bringt, gegen Null geht. Man leint ihn ab, ohne etwas dazu zu sagen und geht gemütlich los. Spurtet der Hund los oder fordert uns sogar zum Spiel auf, sollten wir uns darauf einlassen, ihn also verbal motivieren: *„Na los, gib Gas, Schatz!“*, und auch einige Schritte mit ihm mitrennen, ein Fangspiel inszenieren und einfach gemeinsam mit unserem Hund Spaß haben.

Hunde sollten nur an ausgewählten Orten spielen.

Ist man unsicher, seinem Hund den ersten Freilauf alleine zu gestatten, hilft es, sich eine vertraute Person an die Seite zu nehmen, die nötigenfalls einfach gut zuredet. Vielen fällt es schwer, die Kontrolle auch einmal abzugeben. Vertrauen Sie darauf, dass Ihr Hund, wenn er einmal seine Energie loswerden konnte, auch freudig wieder in Ihren Einflussbereich kommen wird. Selbstredend sollte man einen Hund, dessen Folgsamkeit einem Glücksrad gleicht, im öffentlichen Raum nicht ohne Leine laufen lassen und die Schleppleine ist ein hervorragendes Hilfsmittel, um den Freilauf zu simulieren und entsprechendes Verhalten zu trainieren. Trotzdem sollte man seinem Hund unbedingt die Chance geben, rennen zu können, sonst kann man an ihn, im Hinblick auf seine Folgsamkeit, keine Ansprüche stellen. Stellen Sie sich ein bewegungsfreudiges Kind vor, das sich aufgrund einer komplizierten Fraktur einige Wochen oder Monate nicht hat bewegen dürfen. Sobald es wieder die Erlaubnis hat, wird es Gas geben und die Zeit davor wird eine herausfordernde sein – für das Kind, aber auch für die Eltern.

1. Oft bedeutet Freilauf zusammen zu gehen.

2. Enisa ist aufmerksam und schaut nach mir.

1

2

GEMEINSAM GEHEN

Ein Spaziergang ist natürlich auch mit kurzer Leine möglich. Allerdings beinhaltet dies vonseiten des Menschen sehr viel Rücksichtnahme auf die Interessen des Hundes. Auch er sollte etwas von dieser Aktivität haben. Er sollte das tun, was Hunde eben tun, wenn sie draußen unterwegs sind: schnuppern, markieren, grasen, sich umsehen. Nicht jedes Mal müssen wir ihm das unbedingt gestatten und entsprechend warten, aber ihn einfach nur mit uns mitlaufen zu lassen, wäre ebenfalls etwas lieblos und egoistisch. Sind wir ohne Leine oder mit Schleppleine unterwegs, können wir einfach unseres Weges gehen und müssen auf den Hund weniger Rücksicht nehmen, als wenn wir mit ihm durch die kurze Leine verbunden sind. Trotz allem ist man mit ihm verbunden. Sei es eben durch die Schleppleine oder durch das unsichtbare Band, dass den Spaziergang zu einem gemeinsamen werden lässt.

Aufeinander warten

Beim gemeinsamen Spaziergang achtet man aufeinander. Ich gehe nicht einfach los und meine Hunde müssen danach schauen, dass sie den Anschluss nicht verlieren. Wenn sie irgendwo stehen bleiben, dann warte ich auch auf sie. Mal direkt neben ihnen, mal laufe ich ein Stück voraus. Wenn ich freundlicherweise auf meine Hunde warte, was ich gerne tue, dann habe ich allerdings auch den Anspruch, dass sie mich nicht einfach ausblenden, wenn sie sich dazu entscheiden weiterzulaufen. Beim Warten gibt es zwei Varianten:

1. Ich warte und schaue meine Hunde an, während sie auf mich zulaufen.

Die Hunde sollen sich bei mir einordnen und nicht einfach an mir vorbeilaufen. Vor allem, wenn sie Blickkontakt zu mir haben, sollen sie bei mir anhalten, um zu „erfragen", wie es weitergeht. Laufen sie am Boden schnüffelnd auf mich zu, sollte die Aufmerksamkeit mir gegenüber groß genug sein, dass sie, wenn sie mich erreicht haben, bemerken, dass ich nicht weiterlaufe und entsprechend anhalten. Tun sie das von sich aus nicht, kann ich sie körperlich stoppen und/oder mich ungehalten dahingehend äußern, dass sie einfach an mir vorbeilaufen wollten. Ich erinnere mich dabei immer an eine Radtour mit meinem Partner. Ich hatte es geschafft, einige Minuten vor ihm oben am Berg anzukommen, wo ich auf ihn wartete. Als er oben ankam, hielt er jedoch nicht an, sondern fuhr einfach an mir vorbei. Kurz war ich perplex, rief ihm dann aber hinterher: *„Hallo, ich habe hier auf dich gewartet!"* Auch wenn es in unserer Partnerschaft selbstverständlich keine Hierarchie gibt, fand ich sein Verhalten unhöflich. Ich hatte schließlich nicht aus der Not, den Weg nicht zu kennen, angehalten, sondern wollte dafür Sorge tragen, dass die Radtour auch weiterhin eine gemeinsame bleibt.

2. Ich warte, sehe, dass meine Hunde weiterlaufen, und laufe dann ebenfalls wieder los.

In dieser Situation habe ich nicht die Erwartung, dass meine Hunde sich bei mir einreihen. Selbstverständlich dürfen sie mich überholen. Wir gehen gemeinsam weiter.

Hinweis

Spaziergänge nur an der kurzen Leine sind für Hunde nicht zufriedenstellend.

AUFEINANDER WARTEN

1. Ich stehe und warte, schaue die Hunde dabei an.

2. Sie schließen auf und bleiben bei mir stehen.

3. Wir gehen gemeinsam weiter.

1. Ich warte und schaue, ob die Hunde weitergehen.

2. Ich sehe, dass sie loslaufen, wende dann den Blick ab und laufe selbst weiter.

3. Sie dürfen, ohne bei mir anzuhalten, an mir vorbei.

Tipp
Achten Sie auf Ihr Tempo. Es sollte eher ein Schlendern, als ein Walken sein.

Wenn ich nicht so lange warten möchte, bis meine Hunde fertig sind oder auch gar nicht warten möchte, die Distanz zu mir aber nicht zu groß werden soll, habe ich mehrere Möglichkeiten:

1. Ich unterbinde ihr Tun mit einem Abbruchsignal, z. B. „Name, Nein".

2. Ich unterbinde ihr Tun durch intuitive Ansprache, z. B. *„Kosename, lass das mal!"*

3. Sie kennen ein Kommando, das bedeutet, dass sie weiterlaufen sollen. Ich fordere sie mit diesem Kommando auf, weiterzulaufen, z. B. „Name, Auf gehts".

4. Ich fordere sie durch intuitive Ansprache auf, weiterzugehen, z. B. *„Kosename, weiter jetzt!"*

Entfernung zueinander

Mir ist es lieber, wenn meine Hunde vor mir laufen, denn so habe ich sie im Blick. Ich kann sehen, was sie tun und auch, was sie eventuell gerade tun möchten. Wenn wir zusammen gehen, möchte ich auch das Gefühl haben, dass wir gemeinsam als Einheit unterwegs sind. Ich möchte keine Hunde, die mir mehr oder weniger leblos einfach an den Hacken hängen und ihre Umwelt nicht mehr wahrzunehmen scheinen, und auch keine Hunde, deren einzige Freude im Leben darin zu bestehen scheint, mich auf dem Spaziergang anzuhimmeln, immer in Bereitschaft, etwas für mich zu tun. Meine Hunde dürfen gerne ihre Freude auf dem Spaziergang haben, aber mich dabei nicht völlig aus dem Sinn verlieren. Die Distanz zwischen uns ist hierfür ein ausschlaggebender Faktor und ein wichtiger Parameter für das Maß der Aufmerksamkeit. Für mich persönlich ist eine Entfernung von ungefähr zehn Metern von mir zu meinen Hunden akzeptabel, sowohl wenn sie vor mir laufen, als auch wenn sie neben oder hinter mir laufen. Halten sie sich innerhalb dieses Radius auf, schenken mir darüber hinaus gelegentlich durch Blickkontakt ihre Aufmerksamkeit oder kommen von sich aus zu mir, ohne eine Aufforderung meinerseits, habe ich ein gutes Gefühl. Ich sehe mich in der Lage zu reagieren, Einfluss nehmen zu können und meinen Hunden trotzdem ein gewisses Maß an Freiheit zuzugestehen. Ich fühle mich mit meinen Hunden verbunden.
Auch im Hinblick auf andere Passanten, sollte sich der eigene Hund nicht zu weit entfernen. Um den Hass gegen Hunde und deren Halter nicht weiter zu schüren, sollte man auch anderen Menschen das Gefühl geben, dass der Hund nicht unkontrolliert unterwegs ist. Das mag bei einer Distanz von mehr als zehn Metern eher schwierig erscheinen.

Geschwindigkeit

Aus eigener Erfahrung weiß ich, wie wichtig die Geschwindigkeit des Gehens auf dem Spaziergang ist. Ich gehe sehr gerne sehr zügig. Viele würden sagen, ich gehe nicht spazieren, sondern ich marschiere. Kein Problem, wenn die Hunde sich trotzdem orientieren. Meistens verfallen aber auch sie ins Marschieren und ihr Fokus liegt mehr „im Außen" bzw. „im Nach-Vorne", als auf uns und dem gemeinsamen Spaziergang.
Beim ersten gemeinsamen Spaziergang im Verlauf eines Coachings

schlendere ich immer mit meinen Kunden, auch, weil ich noch viel erkläre und ich das Gefühl habe, dass mehr von dem Erklärten erfasst werden kann, wenn nicht ein Teil der Aufmerksamkeit der Bewegung, beispielsweise auf unebenen Untergründen, dienen muss. Darauf sollte man auch beim Hund achten. **Möchte man seinem Hund etwas beibringen, sollte dies in einer Umgebung stattfinden, die möglichst wenig seiner Aufmerksamkeit beansprucht, sodass es ihm möglich ist, sich auf seinen Menschen zu konzentrieren.** An diesem ersten Coaching-Spaziergang lässt sich immer sehr gut erkennen, ob das Tempo bisher ein höheres war. Hunde, die ein schnelles Tempo zeigen, haben in der Regel Menschen an ihrer Seite, die mit einem gemütlichen Spaziergang wenig anfangen können. Deren Spaziergänge gleichen einem Walking-Rennen.

Schnelle Hunde ausbremsen

Hat Ihr Hund einen großen Vorwärtsdrang, läuft er sehr zügig und schaut selten oder gar nicht nach Ihnen, empfehle ich das Tempo zu drosseln, u. U. sogar gleich ab dem Start des Spaziergangs. Eilen Sie nicht einfach hinter Ihrem Hund her. Schenkt er Ihnen keine Aufmerksamkeit, bleiben Sie auch hin und wieder stehen und/oder sprechen Sie ihn mit seinem Namen oder Kosenamen an und/oder lassen ihn durch intuitive Ansprache ihrerseits die Distanz zu Ihnen wieder verringern (*„Dicker, komm mal wieder näher!“*). So kann es sein, dass Sie die nächsten Male mehr spazieren stehen, als gehen. Es wird eine Zeit dauern, bis er sich an Ihr neues Tempo gewöhnt hat und er von sich aus mehr auf Sie achtet. Machen Sie sich aber bewusst, dass nicht die Strecke entscheidend für die Qualität des Spaziergangs ist. Maßgeblich ist, dass Sie das Gefühl haben, mit Ihrem Hund als Einheit unterwegs zu sein. Nehmen Sie sich für die Ihnen zur Verfügung stehende Zeit keine bestimmten Strecken vor, die Sie absolvieren möchten. Haben Sie Ihre Uhr im Blick, und wenn die Hälfte der Zeit verstrichen ist, die Ihnen für den Spaziergang zur Verfügung steht, dann gehen Sie eben einfach die gleiche Strecke wieder zurück.

Auch Pausen können zu einem Spaziergang gehören.

1

1. Sandra kommuniziert mit Liko, genauso wie mit Ronja.

2. Die Schleppleine sollte möglichst nie spannen.

Simulation von Freilauf an der Schleppleine

All das Beschriebene gilt auch, wenn der Spaziergang mit dem Hund an der Schleppleine stattfindet. Man sollte nach Möglichkeit genauso agieren, als wäre die Schleppleine nicht vorhanden. Nicht, damit der Hund nicht bemerkt, dass er gesichert ist. Das ist diesem durchaus bewusst. Sondern, um sich selbst schon auf den Freilauf ohne Schleppleine vorzubereiten und um sich selbst in seinen Aktionen zu schulen.
Möchte man mit der Schleppleine Freilauf simulieren, sollte der Hund die gesamte Länge der Leine nutzen dürfen. Man hält sie also am besten am Ende fest und lässt den Rest der Leine auf den Boden fallen. Vor allem bei jagdlich ambitionierten Hunden lasse ich die Schleppleine, entgegen ihres Namens, nicht schleppen. Rennt der Hund los, um zu jagen, ist die Wahrscheinlichkeit, dass man die Schleppleine noch irgendwo zu fassen bekommt, sehr gering. Dafür steigt jedoch das Risiko, dass der Hund mit der Schleppleine irgendwo hängen bleibt und sich nicht selbst befreien kann. So wurde schon die ein oder andere Suchaktion gestartet, um Hunde aus einer solch misslichen Lage zu befreien. Anders handhabe ich dies, wenn man beim Hund nur hinsichtlich der Ansprechbarkeit und/oder Aufmerksamkeit etwas zu erarbeiten hat. Dann kann man die Schleppleine auch gerne gänzlich schleppen lassen.

Handling der Schleppleine

Hinsichtlich des Handlings sollte man nur eine Sache beachten, nämlich dass die Leine möglichst niemals unter Spannung gerät. Folglich sollten Sie Ihren Hund, wenn er von sich aus keinen Blickkontakt zu Ihnen sucht, spätestens dann ansprechen, wenn die Leine kurz davor ist, unter Spannung zu kommen. Denn Ihr Hund sollte

2

nicht auf den Zug hin auf Sie achten bzw. auf Sie reagieren, sondern auf Ihre Ansprache hin. Lernt er nur auf den Ruck zu reagieren, der entsteht, wenn er das Ende der Leine erreicht hat, er Orientierung an Ihnen also durch die physische Einwirkung hin sucht, wird er sich u. U. gar nicht an Ihnen orientieren, wenn er ohne Schleppleine laufen darf, da der Ruck nicht mehr zustande kommen kann. Das Verhalten des Hundes ohne Schleppleine wird in der Regel ein anderes sein, als mit Schleppleine. Das bedeutet allerdings nicht zwangsläufig, dass er weniger gut ansprechbar ist oder sich schlechter orientiert, wenn er ungesichert laufen darf. Oft sind Hunde im Freilauf sogar wesentlich aufmerksamer als mit Schleppleine, da die mechanische Verbindung durch diese fehlt. Dennoch gilt: **Was mit der Schleppleine nicht möglich ist, sollte man ohne diese nicht testen.** Reagiert mein Hund bei Wildsichtung mit großer Aufregung, rennt womöglich sogar in die Schleppleine und hängt bellend oder fiepend an deren Ende, ist es keine gute Idee, eine Wildbegegnung ohne Leine zu forcieren.

Länge der Schleppleine

Was die Länge der Schleppleine betrifft, sollte diese auf jeden Fall zehn Meter messen. Besitzen Sie bereits eine längere Schleppleine, müssen Sie diese natürlich nicht kürzen. Sehen Sie die zusätzlichen Meter einfach als Puffer an. Kürzer würde ich die Schleppleine allerdings nicht wählen, da man den Hund sonst womöglich sehr oft ansprechen muss, damit die Leine nicht unter Spannung gerät. Dies wiederum hat häufig zur Folge, dass der Hund nicht mehr reagiert, weil er ständig angesprochen wird. Und der Mensch ist zermürbt, weil er seinen Hund so oft ansprechen muss, da dieser von sich aus nicht auf ihn achtet. So entwickelt sich schnell unnötigerweise ein Gegeneinander, denn ein Miteinander auf dem Spaziergang.
Sollte Ihr Hund sehr aufgeregt sein, planen Sie bewusst vermehrt Pausen ein, in denen Sie sich ihm zuwenden und versuchen, ihm etwas Ruhe zu vermitteln. Hierzu können Sie ihn mit langsamen Bewegungen streicheln und ihn mit ruhiger Stimme ansprechen. Achten Sie darauf, dass er sich in diesem Moment auf Sie einlässt, mit der Aufmerksamkeit bei Ihnen ist und sich nicht mit anderen Dingen befasst, z. B. versucht, am Boden zu schnuppern oder auch einfach hektisch umherschaut.

Tipp

Bei jagdlich ambitionierten Hunden sollte man die Schleppleine festhalten.

Auch mit mehreren Hunden kann man gehen, ohne zu spielen.

SPIEL WÄHREND DES SPAZIERGANGS

Es ist hilfreich, den Spaziergang, der durch ein langsames Gehen und auch Innehalten gekennzeichnet ist, von einem Spiel mit dem Hund zu trennen. So erreicht man mehr Orientierung seitens des Hundes. Dies macht auch dann Sinn, wenn nicht Sie mit Ihrem Hund spielen, sondern er mit anderen Artgenossen spielen darf. Wird der Hund während des Gehens bespaßt, ist die Gefahr größer, dass er sich ganz und gar im Spiel, vor allem dann, wenn er mit anderen Hunden spielt, verliert und nicht mehr ansprechbar ist.

Laufen in Gruppen

Wir kennen alle die Menschengrüppchen mit in der Regel vornehmlich weiblicher Beteiligung, die sich zu regelmäßigen Zeiten an bestimmten Orten treffen, um gemeinsam spazieren zu gehen. Die Menschen gehen auch zusammen und unterhalten sich und auch die Hunde gehen zusammen und haben Freude miteinander. Aber leider besteht eben keinerlei Verbindung mehr zwischen den Menschen und ihren Hunden. Beide Gruppen scheinen losgelöst voneinander unterwegs zu sein. Besteht dann ein Grund, dass die Hunde wieder zu ihren Menschen kommen sollen, z. B. weil ein fremder Hund auftaucht, gestaltet sich der Rückruf äußerst schwierig. Sozialkontakt ist nicht nur für Hunde wichtig, sondern auch für uns Menschen. Und es wäre schade, wenn man sich nicht mehr mit anderen Menschen, die mit uns die Liebe zu Hunden teilen, treffen würde, sondern ausschließlich allein mit dem Hund spazieren ginge. Treffen Sie sich also gerne weiterhin mit anderen, wenn diese dazu bereit sind, die Abläufe etwas zu ändern. Während des gemeinsamen Spaziergangs mit den Hunden, dürfen diese zwar gerne Kontakt zueinander haben, gemeinsames Spiel sollte aber nur an bestimmten Orten stattfinden, wo die Gruppe dann auch verweilt, bis das Spiel beendet ist, um dann gegebenenfalls wieder weiter spazieren zu gehen.

1

2

1. Rennspiele sind für Windhunde die schönste Spielform.
2. Peri hat rassetypisch als Golden Retriever Spaß im Wasser.

Zeit für Spiel

Manchmal macht es auch mehr Sinn, dass man sich gleich an einer Wiese zu einer gemeinsamen Tobeeinheit verabredet, als dass man auf Gedeih und Verderb versucht, ein Spiel der Hunde während des Laufens zu unterbinden. Natürlich müssen Hunde lernen, dass man auch ohne Spiel, eventuell sogar ohne Kontakt mit anderen Hunden, spazieren geht. Aber das ist eben ein Lernprozess und man kann es nicht von Kindesbeinen an von seinem Hund erwarten. Vor allem junge Hunde können mit einem Spaziergang, wie wir ihn uns vorstellen, oft wenig anfangen. Kinder wollen eben spielen. Gönnen Sie es ihnen. Sie werden so schnell erwachsen und haben dann in der Regel immer weniger Interesse am Spiel und das Zeitunglesen auf dem Spaziergang wird dafür immer interessanter. Alles hat seine Zeit. Machen Sie sich nicht selbst und ihrem vierbeinigen Liebling unnötig Druck, indem Sie jeden Tag versuchen, einen Spaziergang nach Ihren Vorstellungen zu gestalten, während Ihr Junghund lieber lebensfroh mit Ihnen oder anderen Hunden spielen würde. Spielen Sie mit ihm und gehen Sie dann, wenn es Ihnen danach ist, alleine spazieren.

Ich gehe z. B. oft alleine, ohne meine Hunde, joggen. Zum einen, weil meinen Hunden diese Aktivität häufig viel zu früh am Tag stattfindet. Zum anderen möchte ich während meiner Joggingrunde einfach laufen, ohne darauf Rücksicht nehmen zu müssen, dass meine Hunde eventuell irgendwo stehen bleiben (möchten), um zu schnüffeln. Ich möchte mich dann nur mit der Natur und meinen Gedanken befassen und nicht auf meine Hunde achten müssen.

> Vor einer Spieleinheit mit anderen Hunden empfehle ich auf jeden Fall, die Schleppleine zu entfernen und im besten Fall auch Geschirr und Halsband, um das Verletzungsrisiko so gering wie möglich zu halten.

Wichtig

Lassen Sie Ihren Hund nicht auf bewirtschafteten Flächen laufen.

GEEIGNETE SPAZIERWEGE

Ob man lieber auf Feldern und Wiesen spazieren geht oder durch Wälder, ist Geschmackssache und natürlich auch abhängig vom Wohnort. Nicht jeder hat die Möglichkeit, in näherer Umgebung zu wählen oder möchte mit dem Auto zum Spazierweg fahren.
Vielen Hunden hüpft schon beim Anblick einer Wiese das Herz, weil sie diese gerne nutzen, um zu rennen. Aber nicht immer ist es günstig und auch gewollt, dass das Feld zur Spielwiese wird.

Felder und Wiesen

Von Agrarflächen sollte man Hunde, auch wenn noch keine Bepflanzung zu sehen ist, grundsätzlich fernhalten. Unter Umständen befindet sich schon Saatgut in der Erde, was nicht anwächst, wenn der Hund darüber gerannt ist. Um Ärger mit dem Landwirt und unnötige Kosten für ihn zu vermeiden, hält man seinen Hund also im Zweifel besser an der Leine.
Auf nicht landwirtschaftlich genutzten Flächen sollte der Bewuchs ebenfalls niedrig sein, sodass man sehen kann, ob sich eventuell Wildtiere dort aufhalten, wobei gerade Hasen und Kaninchen extrem flach am Boden liegend in Deckung gehen können und auch Vögel nisten mitunter am Boden. Gerade in der Brut- und Setzzeit sollte man also mit Verstand abwägen, auf welchen Flächen der Hund rennen darf.
Gerade wenn Feldwege sich im Untergrund nicht vom Feld an sich unterscheiden, ist es mitunter mühsam, dass der Hund sich nicht in der Weite des Feldes verliert. Es ist schwierig, teilweise unmöglich für den Hund zu erkennen, wo der Weg verläuft und wo die Wiese beginnt. Hat der Weg einen anderen Belag, ist beispielsweise asphaltiert oder geschottert, ist dies für den Hund besser ersichtlich und man kann ihn verbal lenken, die Wiese nicht zu betreten.

Wälder

Ich liebe es, im Wald spazieren zu gehen. Der Wald hat eine ganz eigene Energie und ist Lebensraum für viele Tiere. Deshalb sollten die Hunde und auch wir Menschen unbedingt auf den Wegen bleiben und diesen Lebensraum als Rückzugsort der Tiere respektieren. In der Brut- und Setzzeit liegen Jungtiere mitunter direkt am Wegesrand, für die Hunde oft noch nicht

1

olfaktorisch zu erkennen, da sie keinen Eigengeruch haben. Verlässt der Hund jedoch den Weg, kann es vorkommen, dass er geradezu darüber stolpert und das Tier somit aufschreckt.

Trampelpfade

Ist man auf Trampelpfaden unterwegs, muss man als Mensch nicht zwingend an erster Stelle laufen. Achten Sie aber darauf, dass Ihr Hund nicht versucht, an Ihnen vorbeizudrängeln oder Sie gar anrempelt, um nach vorne zu kommen. Hat er jedoch genug Raum, Sie ohne Körperkontakt zu überholen, darf er gerne vorbei. Haben Sie keinen guten Blick nach vorne und sollte Ihr Hund auf Wild, andere Hunde oder auch andere Personen reagieren, nehmen Sie ihn im Zweifel lieber an die Leine.

Der Wald ist als Spielplatz für Hunde ungeeignet. Zu groß ist das Risiko, dass sie beim Rennen durchs Unterholz Tiere aufscheuchen oder sich gar verletzten. Schneller als man schauen kann, stellt sich ein herumliegender Ast auf und bohrt sich in den Körper unseres Lieblings. Auch auf das Spiel mit Stöcken würde ich verzichten und meinen Hunden, wenn sie dies selbst beginnen möchten, untersagen. Denn auch dabei können böse Verletzungen im Mund- und Rachenraum entstehen. Enisa hat große Freude daran, Äste durch die Gegend zu tragen und ihr Ehrgeiz zeigt sich einmal mehr auch an dieser Stelle, denn die Äste können nicht groß genug sein. Ist der Ast dick genug und sind keine spitzen Stellen erkennbar oder trägt sie ein großes Stück Rinde, lasse ich ihr ihren Spaß.

1. Laura und ihre Zwerge auf dem Waldweg.

2. Strolchi will mehr Action und gibt Gas.

2

Begegnungen auf dem Spaziergang

Draußen unterwegs zu sein, bedeutet auch, die Möglichkeit zu haben, Kontakt zu anderen aufzunehmen. Vorausgesetzt, unser Gegenüber möchte das, was allerdings nicht als Selbstverständlichkeit vorausgesetzt werden sollte.

1

Bewegen wir uns in der Öffentlichkeit, kann es immer wieder zu Begegnungen kommen, bei denen ein Kontakt zum eigenen Vierbeiner nicht gewünscht ist. Für genau diese Situationen leisten wir im Vorhinein Erziehungs- und Schulungsarbeit. Unser Hund soll niemanden behelligen, der dies nicht möchte, wobei man immer davon ausgehen sollte, dass kein Kontakt gewünscht ist. Sollte das Gegenteil der Fall sein, wird man uns dies entsprechend mitteilen.

BEGEGNUNG MIT ANDEREN HUNDEN

Leider ist es heute immer noch üblich, dass Hunde einfach zueinandergelassen werden, wenn man nicht darauf hinweist, dass man dies nicht will. Ich möchte dazu aufrufen, wie viele meiner Kollegen auch, dass man seinen Hund generell erst einmal bei sich behält, bis geklärt ist, ob ein Kontakt stattfinden kann.
Erwachsenen Hunden geht es beim Erstkontakt mit einem ihnen unbekannten Artgenossen nicht darum, einen neuen Spielekumpel kennenzulernen. Es geht darum, in Erfahrung zu bringen, wer der andere ist und ob es für den eigenen Hund in Ordnung ist, dass der fremde Hund sich in diesem Gebiet aufhält. Prinzipiell dürfen auch fremde Hunde Kontakt zueinander haben, vorausgesetzt, es ist nicht schon von Vornherein klar bzw. im Bereich des Möglichen, dass es zu einer Auseinandersetzung kommen wird. Auch wenn eine solche selten mit Verletzungen endet, muss eine unschöne Begegnung nicht stattfinden. Bei einer Begegnung mit einem fremden Hund sind also Sie gefragt, zu entscheiden, ob diese sinnvoll ist oder nicht. Sie tragen wie bei einem Kind die Fürsorge darüber, dass Ihr Hund möglichst keinen Schaden nimmt, auch keinen psychischen. Und dem anderen Hund gegenüber tragen Sie Verantwortung, dass auch er keinen Schaden erleidet, wenn Ihr Hund nicht verträglich sein sollte.
Voraussetzung für einen Hundekontakt ist, dass der eigene Hund sozialverträglich ist und ebenfalls

2

1. Enisa wird erst von den Menschen begrüßt.

2. Dann dürfen Bella und Enisa zueinander.

Freude am Kontakt hat. Es gibt durchaus Hunde, die sehr zurückhaltend oder sogar ängstlich sind, und die erst einmal eine ganze Weile brauchen, um aufzutauen oder auch gar keinen Kontakt haben möchten. Will man ihnen trotzdem die Chance auf ein nettes Kennenlernen ermöglichen, sollte man den anderen Hundehalter bitten, zunächst ein paar Schritte miteinander zu gehen, ohne dass die Hunde zueinander dürfen. Meistens ist danach die Situation schon so entspannt, dass auch zurückhaltende Hunde gerne Kontakt haben.

Ablauf einer Begegnung

Sollte man für sich die Entscheidung getroffen haben, dass der fremde Hund freundlich zu sein scheint und ein Kontakt der Hunde zueinander eine Bereicherung für den eigenen Hund darstellt, sollte man den fremden Hund dennoch nicht einfach zum eigenen Hund lassen. Bitte verlassen Sie sich bei der Entscheidungsfindung nur auf Ihr eigenes Urteilsvermögen. Nahezu kein Hundehalter ist sich darüber im Klaren bzw. möchte zugeben, dass der eigene Hund kein freundliches Verhalten zeigt. Und einem Großteil derer, denen es bewusst ist, ist es schlichtweg gleichgültig. Egal wie groß oder wie klein der Abstand der Hunde bis zu diesem Augenblick zueinander war, ob zehn oder ein Meter, zuerst begrüßen Sie den fremden Hund. Möchte er gleich zu ihrem Hund, bremsen Sie ihn aus, indem Sie ihn mit der Hand auf der Brust stoppen. Beugen Sie sich gegebenenfalls zu ihm herunter oder gehen Sie in die Hocke (je nach Körpergröße), begrüßen Sie ihn kurz mit netter Ansprache und lassen Sie ihm eventuell eine kleine Streicheleinheit zuteil werden. Danach darf er dann Kontakt zu Ihrem Hund aufnehmen. Für Ihren Hund sollte erkennbar sein, dass Sie entscheiden, wer sich nähern darf und wer davon abgehalten wird.
Natürlich verlaufen die meisten Hundebegegnungen ohne, dass irgendeinem Beteiligten irgendetwas zustößt, aber eben nicht alle.

Mona versucht den fremden Hund auf Distanz zu halten.

Und es sollte Ihnen bewusst sein, dass ein einziges unschönes Aufeinandertreffen ausreicht, um Ihren vielleicht bis dato kontaktfreudigen Hund in einen, aufgrund seiner schlechten Erfahrung, argwöhnischen Vertreter zu verwandeln, der nicht mehr gelassen an Artgenossen vorbeigehen kann.
Sind Sie sich nicht sicher, ob ein Hund freundlich ist oder nicht, bitten Sie lieber einmal mehr, als einmal zu wenig, Ihr Gegenüber, den Hund zurückzurufen.

Grenze zwischen freundlich und unfreundlich

Ich persönlich ziehe die Grenze zwischen freundlich und unfreundlich sehr früh. Wenn ein fremder Hund meine Hunde sieht und ab diesem Moment nur noch diese im Fokus hat und nichts anderes mehr tut, als direkt in Richtung meiner Hunde zu laufen, werde ich alles tun, damit dieser Hund nicht an meine beiden herankommt. Sollte der dazugehörige Mensch in Sicht- und Hörweite sein, bitte ich ihn, seinen Hund zu sich zu rufen. Gelingt das, gehen wir einfach ohne Kontakt aneinander vorbei. Gelingt das nicht, weil der Mensch sich in Rechtfertigungen oder Fragen verliert oder der Hund auf die Ansprache seines Menschen nicht reagiert, komme ich ins Handeln. Geht, trabt oder rennt dieser Hund auf mich und meine Hunde zu, versuche ich ihn zunächst verbal davon abzuhalten. Durchaus laut, aber auf keinen Fall hysterisch. Ein einfaches *„Hey!“* mit einem entsprechend selbstbewussten Auftreten ist oftmals schon ausreichend, um den Fokus des fremden Hundes weg vom eigenen Hund auf sich zu lenken. Sollte dies nicht von Erfolg gekrönt sein, werfe ich dem Hund irgendetwas entgegen. Leine, Schlüsselbund, Stock, ich persönlich habe auch schon mal einen Schuh ausgezogen und einem Rauhaardackel entgegengeworfen, da ich in dem Moment nichts anderes zur Hand hatte. Und war erleichtert, dass er ihn nicht mitnahm, als er den Rückzug antrat. Sollte auch dies nichts nutzen, versuche ich den Hund festzuhalten. Entweder bringe ich ihn dann zurück zu seinem Menschen oder ich warte, bis er von diesem abgeholt wird.

Nicht jeder ist begeistert von dieser Reaktion, das sei an dieser Stelle gesagt. Hier kommt das Thema Egoismus bzw. Selbstliebe ins Spiel, das sich erweitert auch auf meine Hunde bezieht. Ich möchte nicht, dass ein möglicherweise unfreundlicher Hund sich meinen Hunden nähert. Ich äußere dies freundlich. Erfolgt daraufhin aber keine Reaktion oder führt diese nicht zu dem gewünschten Ergebnis, reagiere eben ich, um das Ziel zu erreichen. Was der andere Hund und der dazugehörige Mensch davon halten, interessiert mich in diesem Fall nicht. Das Wohlergehen meiner Hunde hat Priorität und ich sehe es als meine Pflicht, mein Möglichstes zu geben, dass meine Hunde unversehrt bleiben. Beim Festhalten eines fremden Hundes kann man auch selbst Schaden nehmen. Hier muss jeder selbst entscheiden, inwieweit er dieses Risiko in Kauf nehmen will, um den eigenen Hund zu schützen.

Ich mache dahingehend keinen Unterschied zu Kindern, auch wenn Hunde im Normalfall die Kompetenz besitzen, durch ihr Sozialverhalten die Situation ohne Schaden zu klären. Mein Kind würde ich ebenfalls schützen und ihm nicht imaginär auf die Schulter klopfen, dass es diese Begegnung sicher gut überstehen wird.

Sollten Sie keinen Kontakt zulassen wollen, dann nehmen Sie kein Blatt vor den Mund und sagen Sie das Ihrem Gegenüber. Sie brauchen auch keine Rechtfertigung für diesen Wunsch.

1

2

1. Manch ein Hund lässt sich durch ein Wurfgeschoss stoppen.

2. Mitunter braucht es aber doch mehr Einsatz.

1

2

KONTAKTE IN MASSEN

Jeder Mensch darf frei entscheiden, ob er zu anderen Menschen Kontakt haben möchte. Würde sich eine fremde Person Ihnen trotzdem nähern, entgegen Ihrem Wunsch, würden Sie dies wohl als übergriffig empfinden und wären empört über dieses Verhalten. Ihr Hund empfindet das nicht anders. Auch wenn er selbst noch zu den Exemplaren gehört, die zu jedem Artgenossen wollen. Oftmals wurden viele Hunde bisher in dieser Situation von ihrem Menschen nicht richtig angeleitet bzw. sie haben nicht gelernt, sich auch einmal zurückzunehmen und nicht zu jedem Hund zu stürmen. Vor allem Welpen und Junghunde dürfen oftmals zu jedem Artgenossen, der ihnen begegnet, damit sie unbedingt ausreichend Sozialkontakt zu anderen Hunden haben, in Summe gut sozialisiert daraus hervorgehen und sich ein Leben lang jedem Hund gegenüber freundlich verhalten. Ich halte das für falsch und sogar fahrlässig. Ständige, willkürliche Hundebegegnungen in Kindheit und Jugend oder auch darüber hinaus, sind kein Garant für stets freundliche Hunde. Natürlich sollten sie Sozialkontakt haben, aber nicht zu jedem Hund. Ich halte es für besser, den Hunden beizubringen, dass es Normalität ist, an anderen Hunden und auch Menschen ohne Kontakt vorbeizugehen und nur die Ausnahme, dass man Kontakt hat, als umgekehrt. Und je früher man damit beginnt, desto einfacher hat man es später.

BEGEGNUNG OHNE KONTAKT

Möchten Sie ohne Kontakt an einem anderen Hund vorbeigehen, rufen Sie Ihren Hund zu sich: „Name, Hier“. Ihr Hund sollte sich dann bei Ihnen einordnen und sich mit Ihnen mitbewegen. Sie können dazu einfach geradeaus entgegenlaufen oder auch seitlich ausweichen und sich dort in einem kleinen Bereich (im Grunde ist ein Quadratmeter ausreichend) mit Ihrem Hund bewegen. Bleiben Sie nicht stehen, aber bewegen Sie

3

4

sich auch nicht hektisch. Versuchen Sie selbstbewusst einzelne Schritte zu machen. Wann immer Sie erahnen oder deutlich erkennen, dass Ihr Hund mit seiner Aufmerksamkeit nicht mehr bei Ihnen ist, können Sie einen Schritt von Ihrem Hund weg machen. Am besten erfolgt dieser Schritt in die entgegengesetzte Richtung, in die Ihr Hund in diesem Moment schaut. Ein Schritt ist ausreichend. Machen Sie keinen weiteren Schritt, wenn Ihr Hund den ersten bereits nicht mitgeht. So ist er Ihnen noch nah genug, dass Sie ihn mit der Hand erreichen können.

Folgt Ihnen Ihr Hund also nicht, können Sie ihn akustisch (Fingerschnippen, Zungenschnalzer, Räusperer, Wort, manch einer zieht auch den Fuß über den Boden) ermahnen. Schaut er Sie daraufhin an, sprechen Sie ihn intuitiv an: *„Jetzt komm mal her!“* Zusätzlich können Sie dies mit einer Geste unterstützen. Klopfen Sie sich mit einer Hand seitlich auf den Oberschenkel. Reagiert Ihr Hund und kommt wieder zu Ihnen, machen Sie den nächsten Schritt. Reagiert er nicht auf die akustische Korrektur, schaut er Sie also nicht an, können Sie ihn taktil korrigieren, indem Sie ihm auf das Hinterteil klopfen, kommt er daraufhin zu Ihnen, machen Sie den nächsten Schritt. Ignoriert er die taktile Korrektur, ziehen Sie ihn zu sich und machen dann den nächsten Schritt.

Kontaktaufnahme unter Zwang

Stellen Sie sich vor, Sie gehen mit Ihrem Hund spazieren und Sie sehen einen anderen Hund entgegenkommen. Im Normalfall werden Sie Ihren Hund zu sich rufen, damit Sie entweder aneinander vorbeilaufen können oder eben etwas Zeit haben, um einzuschätzen, ob ein Kontakt der Hunde Sinn macht oder auch nicht. Gehen wir davon aus, dass Sie sich gegen eine Kontaktaufnahme entscheiden. Sie konnten sich sogar überwinden, den anderen Halter zu bitten, seinen Hund zu sich zu rufen, was diesem aber leider nicht gelingt.

1. Das kann passieren. Der Hund bricht sein Kommando.

2. Ich wehre ihn zunächst ab, um meine Hunde zu schützen.

3. Danach laufen wir anfangs ohne Kontakt nebeneinander.

4. Enisa zeigt dann durchaus Interesse am fremden Hund.

Wichtig
Allein Sie entscheiden, welcher Hund Kontakt zu Ihrem Hund haben darf.

Der fremde Hund kommt also, entgegen Ihrer Bitte, doch zu Ihrem Hund und möchte dessen Personalausweis in Augenschein nehmen. Regelmäßig sehe ich, dass Menschen ihren eigenen Hund zwingen, das ausgesprochene Kommando zu halten, trotz der Tatsache, dass er bedrängt wird, anstatt den fremden Hund davon abzuhalten, seinem Vorhaben nachzugehen.

Sollte Ihr Hund von Ihnen ein Kommando bekommen haben und ein anderer Hund oder auch Mensch sich ihm annähern oder sogar bedrängen, dann sollten Sie dafür sorgen, dass dies endet, oder Sie geben Ihren Hund aus diesem Kommando frei, anstatt von ihm zu verlangen, dass er Ihre Anordnung weiterhin ausführt.

VERANTWORTUNG FÜR DEN HUND

Man muss weder bösartig, noch aggressiv und schon gar nicht gewalttätig gegenüber seinen Mitmenschen und deren Hunden auftreten. Aber man darf seine Meinung sagen, seine Ansichten vertreten und diese gegebenenfalls auch selbst einfordern. Die Freiheit von Ihnen und Ihrem vierbeinigen Familienmitglied ist nicht weniger wert, als die Ihres Gegenübers. Sind Sie Ihrem Hund gegenüber nicht unfair, nur um sich nicht unbeliebt zu machen. Ihr Einsatz in solchen Situationen wird sich positiv auf andere auswirken. Überlassen Sie die Verantwortung allein Ihrem Hund, wird er Sie als Führungspersönlichkeit nicht ernst nehmen können. Aber nur an einer Führungspersönlichkeit wird er sich auch in Situationen orientieren, die für ihn reizvoll sind, und sich auch an diese wenden, wenn er sich fürchtet.

SPIEL ZWISCHEN FREUNDEN

Viele Menschen sind der Meinung, dass auch fremde Hunde miteinander spielen möchten und dies bei einem Zusammentreffen dann auch tun. Das, was dort zu sehen ist, hat allerdings keinerlei Ähnlichkeit mit dem Spiel, das man bei Hunden beobachten kann, die sich schon länger kennen und die man durchaus als befreundet bezeichnen könnte. Das Spiel zwischen Freunden findet immer in entspannter Umgebung statt und ist immer ausgelassen. Dies ist bei ersten Begegnungen von jugendlichen oder erwachsenen Hun-

1

den nicht der Fall. Wenn zwei Hunde aufeinander zu stolzieren, kann man wohl kaum von einer gelassenen Stimmung sprechen. Die Hunde bedienen sich vier Möglichkeiten, in der Verhaltensbiologie bekannt unter den sogenannten vier „F“: Fight (kämpfen), Flight (fliehen), Freeze (erstarren) und Fiddle about (rumalbern), um diesen Konflikt zu lösen. Zum Glück haben die meisten Hunde schon früh gelernt, dass sie am ehesten unbeschadet aus solchen Begegnungen hervorgehen, wenn sie sich der vierten Variante, dem Rumalbern bedienen. Sollte sich Ihr Hund für die zweite Variante (Flight) entscheiden, wäre es wünschenswert, wenn er sein Heil dann nicht in der Weite, sondern bei Ihnen sucht. Lassen Sie Ihren Hund gerne Kontakt mit anderen Hunden haben, solchen, die er bereits kennt und mag, oder auch zu solchen, bei denen Sie sich sicher sind, dass diese freundlich sind. Natürlich kann man sich auch mal irren. Sollten Sie bemerken, dass Ihr Hund sich in einer Situation mit einem anderen Hund unwohl fühlt, schreiten Sie ein und geben Sie ihm die Sicherheit, die er braucht.

KONTAKT AN DER LEINE

Um kurz auf das Thema Hundekontakt an der Leine zu sprechen zu kommen: Ich bin der Meinung, dass ein Beschnuppern an der Leine keinen Sinn macht, da es keinen Mehrwert für die Hunde hat. So wie es auch keinen Mehrwert für unser Leben hat, ob ich einem fremden Menschen, der mir entgegenkommt, mit einer kurzen Begrüßung die Hand reiche und dann sofort weitergehe. Also nehme ich davon Abstand bzw. es käme mir nicht in den Sinn, so etwas zu tun, weshalb ich es auch bei Hunden nicht für sinnvoll erachte.

1. Im Spiel werden auch mal Zähne gezeigt.

2. Isaac zeigt sich etwas defensiv.

3. Kurz darauf ist er wieder offensiv gegenüber Nala.

2

3

Wo die Augen hinsehen, befinden sich meist auch die Gedanken.

BEUTEFANGVERHALTEN

Mit kaum einem Thema ist man als Hundetrainer während seiner Arbeit wohl noch häufiger konfrontiert als dem Jagdverhalten. Nahezu jeder Hund zeigt es und möchte diesem leider auch nur allzu gerne nachgehen. Verständlich, wenn man bedenkt, dass es sich dabei, ob erfolgreich oder nicht, aufgrund des Hormoncocktails, der während des Beutefangverhaltens ausgeschüttet wird, um ein selbstbelohnendes Verhalten handelt. So sehr man seinem Hund diese Freude auch gönnen würde, ist es ausgeschlossen, seinen Hund diesem nachgehen zu lassen.

Begegnungen mit Jagdobjekten

Beutefangverhalten kann der Hund hinsichtlich vieler Objekte bzw. Lebewesen, auch Menschen gegenüber, zeigen. Spätestens, wenn der eigene Hund es gegenüber Menschen zeigt, wird zum Glück versucht, dies zu ändern.
Hinsichtlich der Kommunikation mit unserem Hund ist es wichtig zu erkennen, ob er jagt oder ob er sich verteidigt.
Wird er von einer Fliege belästigt, indem diese ständig um ihn herumschwirrt und immer wieder auf ihm landet, dürfte er natürlich nach dieser schnappen, um dem Ganzen ein Ende zu setzen.

Jagen ist für mich und somit auch für meine Hunde ein Tabu. Es wird von mir niemals geduldet, ganz gleich, um welches Lebewesen es sich handelt. Auch Insekten dürfen nicht gejagt werden, um beim kleinstmöglichen Jagdobjekt zu beginnen.

Sollte es sich dabei nicht um eine Fliege, sondern um eine Biene oder Wespe handeln, untersage ich dies meinen Hunden mit meinem Abbruchkommando, da ich verhindern möchte, dass sie in Gaumen oder Rachen gestochen werden. In dieser Situation jagen sie nicht, sondern sie verteidigen sich. Sollten sie allerdings die Mücken jagen wollen, die an der Fensterscheibe entlangfliegen, wäre dies ein Tabu, was ich entweder körperlich korrigiere, indem ich sie von der Fensterscheibe wegschiebe, und/oder verbal, indem ich mich ungehalten äußere: *„Hört ihr wohl auf!“*
Gleiches gilt auch, wenn der Hund beispielsweise von einer Kampfkatze angegriffen wird, die, wie aus dem Nichts aus dem Gebüsch gesprungen kommt. Schnappt mein Hund nach dieser, sollte jedem klar sein, dass dies nur seiner Verteidigung dient und nichts mit Jagen zu tun hat. Springt er allerdings der Katze hinterher, wären wir wieder im Bereich des Beutefangverhaltens und damit bei einem Tabu. Auch dann, wenn es die Katze ist, von der er zuvor angegriffen wurde.
Ich habe die Erfahrung gemacht, dass viele Hunde nicht verstanden haben, dass ihre Menschen nicht möchten, dass sie jagen. Entweder, weil es ihnen nicht gelungen ist, dies eindeutig zu vermitteln, oder weil das Beutefangverhalten nicht gänzlich untersagt wurde.

Vögel und Mäuse

Niemand wird es billigen, dass der eigene Hund anderen Menschen hinterherhetzt. Auch bei Hase, Fuchs und Reh ist man sich in der Regel einig, dass der Hund diesen nicht hinterherrennen soll. Nicht ganz so übereinstimmend sind die Meinungen dazu jedoch in Bezug auf Vögel oder auch Mäuse. Das Jagen von Vögeln wird selten moniert, da der Hund diese im Normalfall nicht erreicht. Denken Sie daran, dass Ihr Hund nicht immer nach zwanzig Metern die Lust daran verlieren muss, der Krähe hinterherzurennen. Befindet sich anstatt einer Krähe mal ein Fischreiher oder auch eine Wildgans auf dem Feld, kann es passieren, dass aus den gewöhnlichen zwanzig Metern auf einmal zweihundert werden, da Reiher und Gans viel mehr Zeit benötigen, um an Höhe zu gewinnen, mit der Folge, dass sie im Tiefflug entfliehen, was viele Jäger anspornt, länger zu folgen. Im schlimmsten Fall überquert er dann bei seinem Jagdausflug eine Straße oder Bahngleise mit Folgen, die man sich lieber nicht ausmalen möchte.

Auch an der Leine sollte man Beutefangverhalten korrigieren.

Immer wieder erlebe ich Menschen, die ihren Hund auf dem Feld von Mauseloch zu Mauseloch springen lassen, sich aber empören, wenn er sich statt der Maus bei nächster Gelegenheit dem Kaninchen annehmen möchte. Es sollte selbstverständlich sein, jedoch scheint es manchem Menschen nicht bewusst, weshalb ich an dieser Stelle darauf hinweisen möchte: **Hunde haben die gleichen Gefühle wie wir.** Nicht zuletzt deswegen schätzen wir sie als Begleiter und gehen innige Beziehungen mit ihnen ein. Mäuse haben die gleichen Gefühle wie Hunde. Auch sie können Angst, sogar Todesangst erfahren und Schmerzen erleiden. Warum sollte man also seinem Hund rein zu dessen Animation und Freude gestatten, ein anderes Tier, und sei es „nur" eine Maus, in Todesangst zu versetzen, es zu verletzen und letztlich sogar noch zu töten? Unsere Hunde müssen nicht jagen, um ihren Hunger zu stillen. Sie tun es nur aus Spaß an der Freude. Jagen gehört zum Beutefangverhalten und dies kann man beeinflussen. Wie aber soll er verstehen, dass er nicht jagen soll, wenn man es ihm bei bestimmten Spezies gestattet?

Jagen niemals dulden!

Und man sollte nicht erst einschreiten, wenn der Hund schon dem Wild hinterherhetzt, sondern bereits dann, wenn er nur daran denkt, es tun zu wollen. Geht man mit seinem Hund auf der Wiese spazieren und er senkt den Blick zu Boden und hebt dabei die Ohren, ist für Sie deutlich erkennbar, dass er sich gedanklich bei der Maus im Erdboden befindet. Jetzt sollten Sie eingreifen. Wie immer, wenn es um ein Tabu geht, entweder taktil, mit oder ohne Hilfsmittel, und/oder akustisch. Manch ein Hund hat bereits beim Verlassen des Hauses Jagen im Sinn. Er schaut sich um, ob er nicht irgendwo die Nachbarskatze erblicken kann, die sich regelmäßig auf dem Grundstück herumtreibt, um dieser hinterherzurennen. Ist für Sie klar ersichtlich, dass er diesen Gedankengang hegt, könnten Sie ihm, da er sich ja im Radius der Leine um Sie herum befindet, mit der Hand auf den Oberschenkel klopfen und/oder durch intuitive Ansprache Unmut äußern.

Sie sollten Ihren Hund also schon korrigieren, wenn er nur ans Jagen denkt.

Der Sprung nach einer Maus sollte unterbunden werden.

Schauen darf, wer gelernt hat, die Handlungskette nicht fortzuführen.

Befindet sich Ihr Hund an der Schleppleine, deren Ende sie fest in der Hand haben und er springt im Wald los, mit der Intention zu jagen, dann ziehen Sie ihn mittels der Schleppleine schimpfend wieder zurück auf den Weg.

Wenn es doch passiert …

Ist Ihr Hund im Freilauf einige Meter von Ihnen entfernt und Sie sehen, wie er die Nase hebt und kurz davor ist loszurennen, können Sie ihm verbal alles an den Kopf werfen, was Ihnen gerade so in den Sinn kommt. Wichtig natürlich auch hier ist der Tonfall. Nicht freudig, nicht besorgt, sondern verärgert darüber, dass er dieses Tabu brechen möchte. Hält er inne und startet nicht durch, oder bricht er ab, obwohl er schon gestartet war, versuchen Sie ihn zu sich zu motivieren.

Bricht er nicht ab, sondern rennt weiter, brauchen und sollten Sie dazu nichts Weiteres sagen, es sei denn, Sie können ihn sehen und erkennen, dass er langsamer wird, eventuell die Fährte verloren hat. Dann wäre dies noch einmal eine Gelegenheit ihm mitzuteilen, dass Sie sein Verhalten nicht befürworten. Gerät er auf der Jagd außer Sicht, halten Sie sich am besten an der Stelle auf, an der Ihr Hund den Weg verlassen hat. In der Regel kommen die Hunde dorthin wieder zurück. Kehrt Ihr Hund von seinem Jagdausflug zurück, ist es an Ihnen, zu erkennen, ob er sich gedanklich noch beim Jagen befindet, um adäquat zu reagieren. Sind Sie sich nicht sicher, ob er noch ans Jagen denkt, können Sie ihn entweder weiterhin frei laufen lassen und ihn ignorieren oder ihn ohne Kommentar an die Leine nehmen. Wenn Sie sich sicher sind, dass er sich in Gedanken noch mit seinem Ausflug beschäftigt, dann können Sie ihn wegschicken, wenn er zu Ihnen zurückkommen möchte. Ihre Stimme ist hierfür das beste Werkzeug, eine deutliche Geste kann als Unterstützung dienen.

Wenn Sie sehen, dass er beginnt, zu beschwichtigen, können Sie in die Hocke gehen und ihn sich wieder annähern lassen. Je nach Temperament und momentanem Gemütszustand zeigen Hunde ein unterschiedliches Verhalten. Manche nähern sich nur zögerlich und bleiben in etwas Entfernung stehen. Andere kommen und stellen oder setzen sich neben ihren Menschen. Wieder andere rennen zu ihrem Menschen und beschwichtigen, indem sie ihm Hände oder Gesicht abschlecken. Welches Verhalten Ihr Hund auch zeigen mag, rufen Sie ihn nicht zu sich und reagieren Sie auch nicht auf seine Beschwichtigung. Wird er Ihnen gegenüber körperlich, lassen Sie dies einfach über sich ergehen. Richten Sie sich dann wieder auf und gehen ganz normal weiter.

Kein Abbruch über Kommando

Sollten Sie sehen, dass Ihr Hund jagen möchte, sollten Sie vermeiden, ihn mit einem Kommando zu sich zu rufen („Lina, Hier") oder mit einem Kommando sein Verhalten abzubrechen („Lina, Nein"). Wenn wir unseren Hund mit einem Kommando zu uns rufen, muss er dieses immer ausführen, ganz gleich, wie lange wir benötigen, um dies durchzusetzen. Das bedeutet, bezogen auf die Situation des Jagens, dass wir nach seiner Rückkehr auf die Ausführung des Kommandos „Hier" bestehen müssten, was zur Folge hätte, dass wir ihm nicht begreiflich machen können, dass wir Jagen nicht billigen.
Auch der ultimative Superrückruf, mit anschließender Superbelohnung, z. B. in Form von Spiel oder auch einem Leberwurstbrot, kann dazu führen, dass sich ein Verhalten etabliert, das man so nicht konditionieren wollte. So musste Julia, eine Kundin von mir, erleben, dass ihr Hund Pearl, anstatt das Jagen einzustellen, dazu überging, vermehrt in den Wald zu rennen, um dort auf seinen Rückruf zu warten, dem er dann auch Folge leistete, da ihm, wenn er wieder zurückkam, ein freudiges Spiel erwartete. Zudem sollte der Hund ja auch beim „normalen" Rückruf immer prompt reagieren, sodass eine Steigerung der Priorität durch einen Superrückruf den normalen infrage stellen würde.
Versuchen wir das Jagen mit dem Kommando „Nein" abzubrechen, sollte unser Hund dies natürlich bestenfalls tun, was an sich selbstverständlich als Erfolg zu werten wäre. Allerdings hätte dies wiederum zur Folge, dass wir sein gesamtes Leben immer aufpassen müssten, ob er jagen möchte, um ihm dies dann zu untersagen. Denn „Nein" hat für unseren Hund ja nur die Bedeutung, etwas jetzt in diesem Augenblick nicht tun zu dürfen. Es bedeutet für unseren Hund nicht, dass er etwas nie tun darf.

Das Ziel ist, dass unser Hund versteht, dass er niemals jagen darf und er sich in der Folge von sich aus zurücknimmt, wann immer in seinem Kopf das Türchen zum Beutefangverhalten durch einen Reiz, sei es visuell oder olfaktorisch, geöffnet wird.

Kein Lob beim Zurückkommen

Natürlich ist jeder froh, wenn sein Hund unbeschadet von einem Jagdausflug zurückkommt. Regelmäßig muss ich jedoch schmunzeln, wenn mir Kunden mit freudig, bis stolzem Unterton berichten, dass ihr Hund bisher, wenn er ausgebüxt war, immer wieder zurückgekommen ist. Was sollte unsere Hunde dazu veranlassen, plötzlich zu beschließen, dass das Leben in freier Wildbahn lebenswerter ist, als das Zusammenleben mit uns? Natürlich kommen sie wieder zurück zu ihren Menschen, haben sie in unserer Obhut doch ein sicheres und bequemes Leben.

Gerade unter Berücksichtigung dieser These sollte man den Hund keinesfalls loben, wenn er vom Jagen zurückkehrt. Unser Lob würde einem „Dankeschön" gleichen. *„Danke, dass du wiedergekommen bist!"* Sollten wir nicht selbstverständlich davon ausgehen, dass unser Hund wieder zu uns kommt? Müssen wir uns bei unserem Hund bedanken, dass er weiterhin bei uns leben möchte? Sollten wir, die wir alles tun, um ihm ein schönes Leben zu bieten, nicht mit einer gewissen Überzeugung davon ausgehen, dass unser Hund bei uns leben will? Darüber hinaus könnte es passieren, dass Sie Ihrem Hund durch ein Lob beibringen, dass es eine gute Idee war, dem Wild hinterherzuhetzen.

Auf keinen Fall wird er durch Verwendung eines Lobes verstehen, dass Sie nicht möchten, dass er jagt.

Freilauf ist nur möglich, wenn Jagen für den Hund keine Option (mehr) ist.

Stellen Sie sich vor, Sie haben Ihrem Kind Hausarrest erteilt. Ihr Kind akzeptiert diese Maßnahme jedoch nicht und verlässt das Haus. Als wäre dies nicht schon dreist genug, kommt es, anstatt zur gewöhnlichen und abgesprochenen Zeit, drei Stunden später. Es ist quasi mitten in der Nacht und dies ist keine Uhrzeit, zu der sich ein Kind in dem Alter draußen herumtreiben sollte. Als Ihr Kind nach Hause kommt, sitzen Sie am Esstisch. Sie haben gewartet und sich natürlich auch Sorgen gemacht. Folgende Szenarien sind möglich:

– Sie begrüßen Ihr Kind freundlich und völlig frei von Ironie, Besorgnis oder Ärger in der Stimme: „Schön, dass Du wieder zurück bist!" Ihr Kind wird anhand dieser Äußerung wohl nicht lernen, dass man Regeln nicht einfach ignorieren kann.
– Anstatt es freudig zu begrüßen, ignorieren Sie Ihr Kind und es kann einfach in sein Zimmer gehen. Auch anhand dieser Reaktion Ihrerseits ist es ausgeschlossen, dass Ihr Kind begreift, dass solch ein Verhalten indiskutabel ist.
– Sie begrüßen Ihr Kind, teilen ihm mit, dass Sie sich Sorgen gemacht haben und dass Sie ein solches Verhalten nicht noch einmal akzeptieren werden.

Wir müssen davon ausgehen, dass unser Hund unsere verbalen Erklärungen bezüglich seines Jagdverhaltens leider nicht verstehen wird. Uns bleibt also nur die Möglichkeit, ihm durch unseren Tonfall und unsere Reaktion zu vermitteln, dass dieses Verhalten nicht gewünscht und niemals geduldet wird.

AUSLASTUNG VON HUNDEN

Was die Auslastung von Hunden, z. B. durch Fährtenarbeit, Reizangel oder Hasenzugmaschine betrifft, bin ich der Meinung, dass dies, wenn überhaupt, nur dann Sinn macht, wenn man sich sicher sein kann, dass der Hund in der Natur nicht mehr jagen wird. Durch regelmäßiges Training verbessert man seine Leistung. Bei Fährtenarbeit oder auch beim Gebrauch der Reizangel ist der Mensch involviert, sodass der Hund dies durchaus von einem gewöhnlichen Spaziergang unterscheiden kann, auf dem Jagen verboten ist. Ähnlich, aufgrund der Örtlichkeit, ist die Situation auf der Rennbahn. Wohl am schwierigsten für den Hund zu unterscheiden, ist die inszenierte Hetzjagd während eines Coursings. Auch wenn der Start ritualisiert ist, indem der Hund vor dem Start ein Shirt und einen Maulkorb angelegt bekommt und von seinem Menschen festgehalten wird, ähnelt die Jagd nach dem Hasenfell auf freiem Feld doch sehr der natürlichen Jagd in der Natur. Im Zweifel würde ich mich gegen eine solche „Auslastung" entscheiden. Wichtiger ist mir ein regelmäßiger freier Lauf, sei es in der Natur oder auf weitläufig eingezäuntem Gebiet. Eine auslastende Beschäftigung einmal in der Woche oder noch seltener bieten keinen adäquaten Ersatz hierfür.

Resümee: Für uns Menschen mag die Folgsamkeit des Hundes in bestimmten Situationen eine größere Priorität haben als in anderen und die Ignoranz vonseiten des Hundes in manchen Situationen weniger desaströs als in anderen. Es mag für uns wichtiger sein, dass der Hund sein Rückrufkommando befolgt, wenn das Auto kommt, als es der Fall ist, wenn unser Hund seinen Spielekumpel entdeckt. Für den Hund allerdings macht es keinen Unterschied. Und darüber hinaus macht es für ihn auch keinen Unterschied, ob er ein Kommando missachtet oder Sie während des Schmusens stehen lässt, um zum Kühlschrank zu eilen, der gerade geöffnet wird. Dementsprechend ist es wichtig, Situationen nicht hinsichtlich unserer Priorität an Folgsamkeit zu unterscheiden, sondern immer konsequent zu sein, denn für unseren Hund hat jede Situation die gleiche Qualität.

KOMMANDO „SIEH MICH AN“

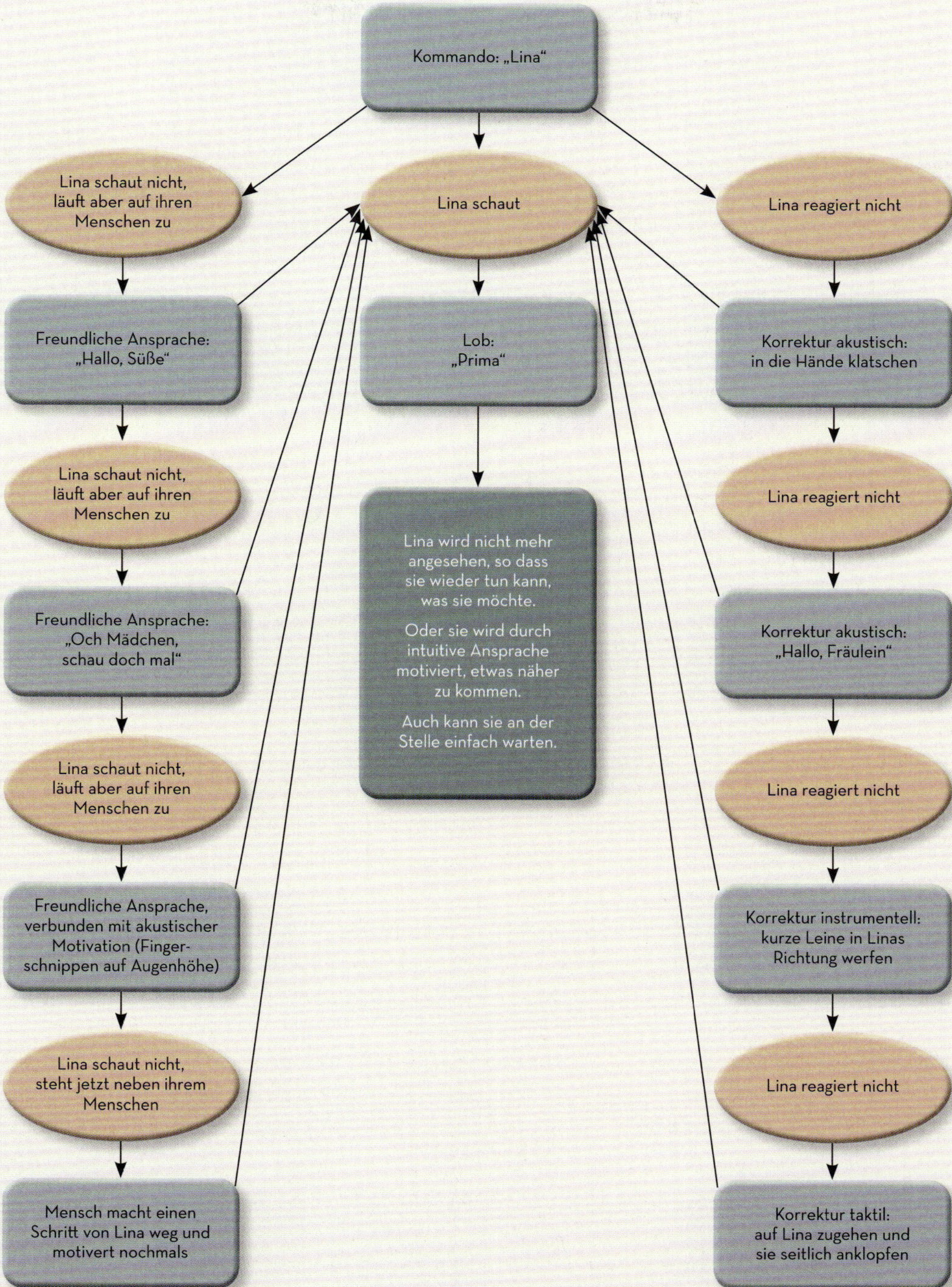

KOMMANDO „KOMME ZU MIR, BLEIBE BEI MIR, BIS ICH DAS KOMMANDO BEENDE“

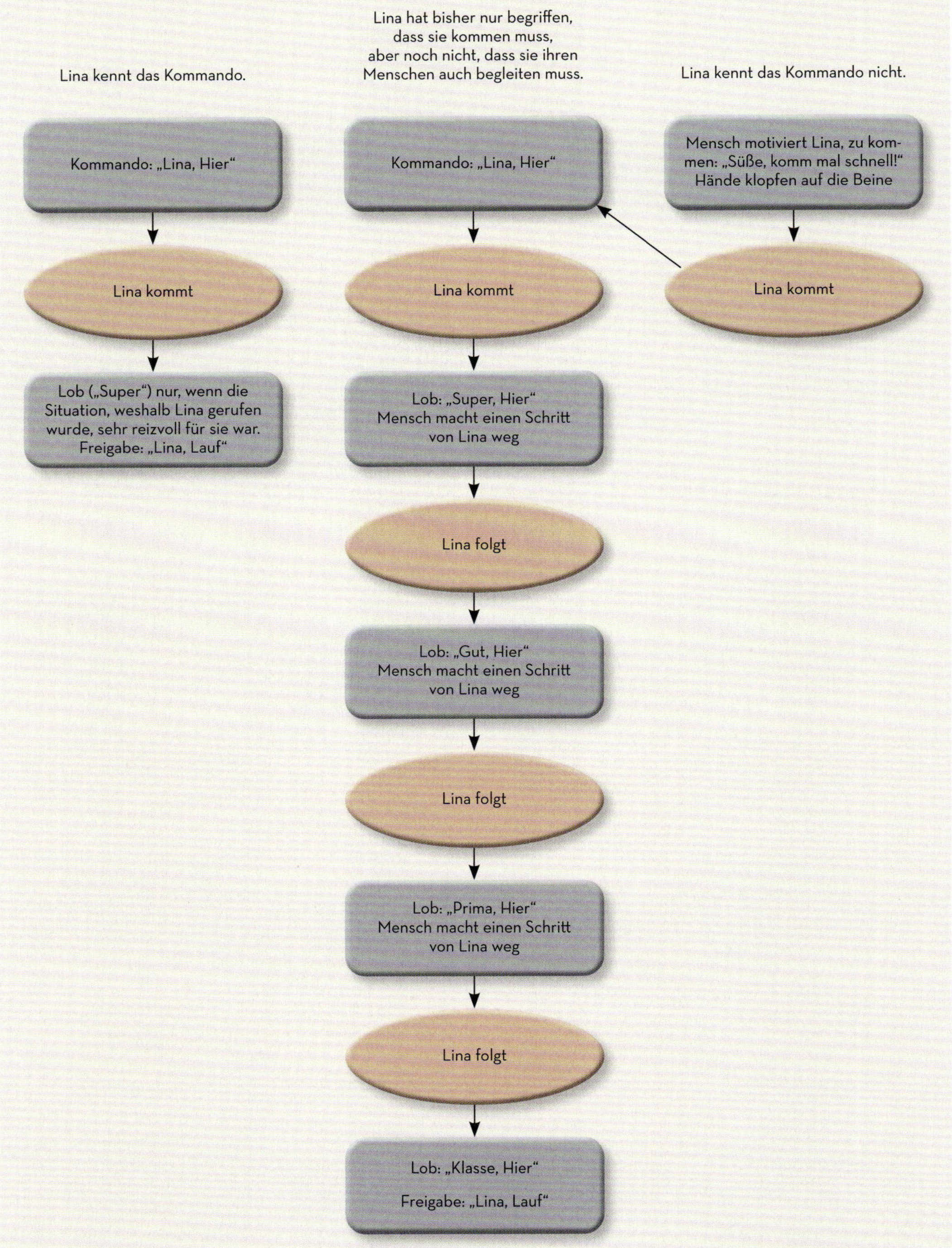

KOMMANDO „KOMME ZU MIR, BLEIBE BEI MIR, BIS ICH DAS KOMMANDO BEENDE“

Lina kennt das Kommando.

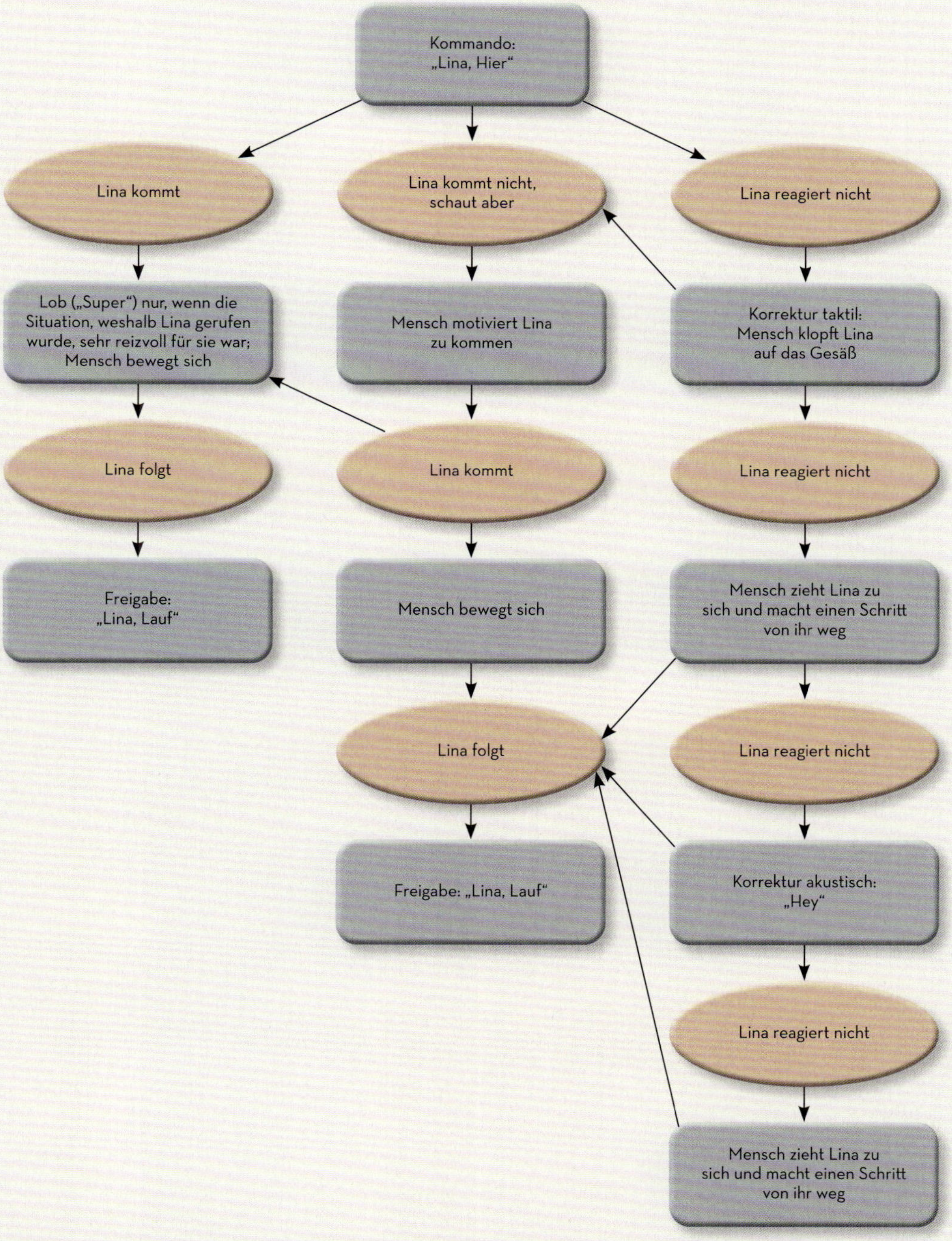

ES SIND LEBEWESEN, MIT DEN GLEICHEN GEFÜHLEN WIE WIR!

Ihr Anspruch an das Leben Ihres Hundes sollte in allen Bereichen nicht geringer sein, als der Anspruch, den Sie an Ihr eigenes Leben haben.

Denkanstöße für die Mensch-Hund-Beziehung

Hunde haben die gleichen Gefühle wie wir und werden zu Persönlichkeiten, an deren Entwicklung wir maßgeblich beteiligt sind. Somit werden sie nicht selten zum Spiegel unserer selbst.

Lernen wir Hunde als eigenständige Persönlichkeiten mit individuellen Charaktereigenschaften zu respektieren, wird uns dies bei der Erziehung enorm helfen. Denn dann müssen wir nicht mehr situativ überlegen und entscheiden, welche Reaktion auf ihr Verhalten die richtige wäre, sondern handeln intuitiv und somit authentisch.

SELBSTBEWUSSTSEIN

Selbstbewusstsein, und damit das Vertrauen in die eigenen Fähigkeiten, muss nicht in allen Bereichen des Lebens gleich ausgeprägt sein. So kann man z. B. im Berufsleben mit Selbstbewusstsein auftreten, da man sich seiner Fähigkeiten bewusst ist und darauf vertraut, diese richtig einzusetzen. Im Hinblick auf die Erziehung des Hundes können jedoch ganz andere Fähigkeiten notwendig sein, über die man (noch) nicht oder nur teilweise verfügt, was zur Folge haben kann, dass man seinem Hund gegenüber und in Situationen mit seinem Hund anderen gegenüber nicht selbstsicher auftreten kann. Unsicherheiten können entstehen, wenn man Situationen nicht richtig einzuschätzen weiß oder sich hilflos fühlt, weil man keine Kenntnis hat, wie man reagieren kann. Ich hoffe, ich konnte Ihnen mit diesem Buch Möglichkeiten aufzeigen, mit denen Sie konform gehen, sodass Sie sie selbstbewusst ausführen können. Oft ist es hilfreich zu erleben, dass der eigene Hund ein Verhalten, bei entsprechender Führung, auch kurzfristig ändern kann. Durch diese positive Erfahrung lässt sich die empfundene Machtlosigkeit durchbrechen und es kann begonnen werden, sich die Fähigkeiten anzueignen, die nötig sind, um den Hund entsprechend anzuleiten. In der Folge wird man seinem Hund und anderen gegenüber selbstbewusster auftreten, da man sich wieder handlungsfähig fühlt.

EGOISTISCHES VERHALTEN

Egoistisches Verhalten muss nicht, wie auch das Selbstbewusstsein, in allen Bereichen des Lebens in gleichem Maße vorhanden sein bzw. gelebt werden. Man kann sich in bestimmten Situationen und gegenüber bestimmten Lebewesen egoistisch verhalten. Was aber nicht bedeutet, dass man grundsätzlich ein Egoist sein muss und somit empathielos und ohne Mitgefühl ist. In meiner täglichen Arbeit zeigt sich, dass vielen Menschen ein gesunder Egoismus abhandengekommen ist. Voller Sorge, andere vor den Kopf zu stoßen, werden eigene Wünsche und Vorstellungen und darüber hinaus auch die Wünsche des Hundes hintenangestellt. In vielerlei Momenten werden eigene Vorstellungen nicht geäußert, scheint das

Mitgefühl anderen, zum Teil fremden Menschen gegenüber größer, als das Mitgefühl für den eigenen Hund. Es wird darauf verzichtet ...

– ... dem Gegenüber zu sagen, dass man nicht möchte, dass sein Hund zum eigenen Hund geht, damit dieser nicht schlecht über uns urteilt.
– ... den fremden Hund abzuwehren, damit der Hund und/oder sein Mensch uns dies nicht übelnimmt.
– ... dem Arbeitskollegen zu sagen, dass er den Hund, der argwöhnisch Fremden gegenüber ist, bitte nicht streicheln soll, damit dieser sich nicht vor den Kopf gestoßen fühlt.
– ... der Freundin zu sagen, dass sie dem Hund bitte kein Leckerchen geben soll, damit wir ihr kein schlechtes Gefühl geben.
– ... dem Tierarzt gegenüber Zweifel an der Behandlungsmethode zu äußern, damit dieser sich nicht auf den Schlips getreten fühlt.
– ... Freunde zu bitten, den eigenen Hund nicht mit ins Restaurant zu bringen, damit deren Hund nicht zu Hause warten muss. Lieber lässt man den eigenen Hund daheim.
– ... die angebotene Futterprobe auszuschlagen, obwohl man weiß, dass man diese seinem Hund niemals geben wird.

Chinta hat einen empfindlichen Magen. Nicht jedes Leckerchen tut ihr gut.

Das Wort „Nein" ist ein sehr kurzes, aber wohl auch das, was für viele Menschen in vielen Situationen nahezu unaussprechlich scheint. Es geht nicht darum, Everybody's Darling zu sein, von jedem gemocht zu werden. Es geht darum, für eigene Vorstellungen und die seines Hundes einzustehen, auch wenn man sich dabei bei manchen Mitmenschen unbeliebt macht.

Ein Beispiel: Nie vergessen werde ich die Szene mit einem Jungen während eines Spaziergangs. Ich hatte Gioia in einer Tasche vor dem Bauch sitzen, da sie noch klein war und nicht die gesamte Strecke des Spaziergangs mitlaufen konnte. Wir trafen auf eine Mutter mit zwei Kindern. Eines kam auf mich zu und fragte mich, ob es den Hund streicheln dürfe und noch während es die Frage aussprach, wanderte seine Hand in Richtung Gioias Kopf. Es war für ihn scheinbar selbstverständlich, dass er den Hund würde streicheln dürfen. Umso erstaunter schaute er, als ich seine Frage verneinte. Gioia hätte nicht aus- oder zurückweichen können, da sie sich ja in dem Beutel befand. Für mich wäre vermutlich erst erkennbar gewesen, dass sie nicht angefasst werden möchte, wenn der Junge sie bereits angefasst hätte. Nun ist die Streicheleinheit eines Fremden sicherlich keine Katastrophe, trotzdem lasse ich meine Hunde immer selbst entscheiden, ob sie Kontakt haben möchten oder nicht.

IGNORANZ UND ZUWENDUNG

In keinem mir bekannten Kontext zeigt der Mensch ein derart ausgeprägt ambivalentes Verhalten wie in der Erziehung seines Hundes. Ganz egal wie der Hund sich seinem Menschen gegenüber in der Öffentlichkeit verhält, scheint dieser daraus keine Konsequenzen zu Hause erfahren zu müssen. Es erinnert mich etwas an die Erzählungen von Hunden, die auf dem Hundeplatz strebsam alles tun, was man von ihnen erwartet und, wenn das Tor zur realen Welt sich für sie nach der Trainingseinheit wieder geöffnet hat, alles vergessen zu

Charlie hat sichtbar keine Freude an der Reinigung seiner Pfoten.

haben scheinen. Gleiches widerfährt augenscheinlich einer Vielzahl an Menschen, wenn sie nach einem Spaziergang mit ihrem Hund wieder zu Hause sind. Ganz gleich, wie unmöglich, im Sinne von ignorant, sich der Hund ihnen gegenüber aufgeführt hat, Zuhause angekommen, scheint alles vergessen und ohne Konsequenz für den Hund.

Zwei Beispiele hierzu werde ich wohl mein ganzes Leben nicht vergessen:
Beispiel 1: Charlie, seines Zeichens ein Doodle mit leichtem Unterbiss, war gemeinsam mit seinen Menschen und uns spazieren. Charlie war nach dem Spaziergang etwas verschmutzt und Mathias, offizieller Besitzer von Charlie, wollte ihm die Füße mit einem Handtuch säubern. Charlie war darüber nicht erfreut und äußerte dies mit einem Knurren und Zähnefletschen. Ich war perplex und fragte, ob Charlie Schmerzen hätte, was verneint wurde mit der Ergänzung, dass er das immer täte und der hintere linke Fuß besonders kritisch wäre. Ich, weiterhin ungläubig, schließlich war Charlie so ein netter Hund, fragte, ob ich die Reinigung der Pfoten übernehmen dürfe. Dies wurde von Mathias freudig bejaht und ich übernahm den Säuberungsprozess. Kein Murren war zu hören, kein Zahn war zu sehen. Charlie hatte also seinem Herrchen Mathias mitgeteilt, dass es besser wäre, wenn er seine Finger bei sich behalten würde. Eine etwas unschöne Sache, zumal Mathias alles für seinen Doodle tat und tut. Wir verbrachten den Nachmittag miteinander und irgendwann suchte Mathias die Toilette auf. Charlie folgte und wartete vor der Toilettentür auf ihn. Zurück kamen Charlie und Mathias eng umschlungen. Mathias hatte sich so gefreut, dass Charlie vor der Tür gewartet hatte, dass er ihn sogleich auf den Arm genommen hatte, um ihn zu herzen.

1

Beispiel 2: Roberta, eine im Sozialgeschehen unsichere Ridgeback-Hündin, war mit ihrem Frauchen übers Wochenende mit dem Camper-Van verreist. Auf einem Spaziergang eskalierte die junge Dame bei einer Begegnung mit einem Artgenossen derart, dass sie die Lederleine zerriss. In Anbetracht der erreichten Freiheit zog sie es dann jedoch vor, den Hund nicht anzugreifen, sondern sich mehr oder weniger kleinlaut wieder bei ihrem Frauchen einzureihen. Im Verlauf des Abends saß Roberta dann wieder wie selbstverständlich mit ihrem Frauchen auf der Eckbank des Vans.

Es steht außer Frage, dass authentisches Handeln wichtig und zielführend im Hinblick auf die Erziehung des Hundes ist. Und der generelle Entzug von Zuneigung keine angemessene Konsequenz darstellt. Bleibt jedoch unangemessenes Verhalten in der Folge immer ohne jegliche Konsequenz, wird dieses auch nicht verändert werden. Würden Sie genauso handeln, wenn Ihr Kind sich Ihnen gegenüber so verhalten würde? Wenn es Ihnen sagen würde, dass Sie Ihre Finger wegnehmen sollen, wenn Sie ihm die Schuhe zubinden möchten. Wenn Ihr Kind jegliche maßregelnde Ansprache durch Sie ignoriert, wenn es Passanten auf der anderen Straßenseite beschimpft. Wäre dann die erste Intension, Ihr Kind in den Arm zu nehmen, wenn Sie wieder zu Hause sind? Oder haben Sie dann, unter Berücksichtigung des Entwicklungsstandes des Kindes, eben auch einfach mal keine Zeit für dessen Wünsche?

2

1. Chinta ist sehr empfänglich für äußere Reize.
2. Sie nimmt ihren Menschen oft gar nicht mehr wahr.

HORMONE UND ENTWICKLUNG

Leider werden auch noch heutzutage viele Hunde standardmäßig und ohne medizinische Indikation, vor allem die aus dem Tierschutz stammenden, kastriert. Auch wenn ich dies im Hinblick auf die Tierschutzarbeit nachvollziehen kann, die oft einer Arbeit gegen Windmühlen gleicht und man durch Kastration versucht, eine nicht enden wollende Flut an Tieren in den Griff zu bekommen, ist es für jedes einzelne Tier ein Eingriff in sein Recht auf körperliche Unversehrtheit und damit in seine Persönlichkeitsrechte. Wenn es allein darum ginge, Fortpflanzung unmöglich zu machen, bliebe als Option die Sterilisation, die unkompliziert durchgeführt werden kann und den Hormonhaushalt weitestgehend nicht beeinträchtigt. Wenn im Tierschutzgesetz verankert ist, dass eine Amputation, und die Entfernung von Hoden, Eierstöcken und Gebärmutter stellt eine solche dar, nur mit medizinischer Indikation gestattet ist, dann hat dies seinen Grund. In der Folge sind Verträge mit Tierschutzorganisationen, die die Kastration des Hundes beinhalten, als nichtig anzusehen.

Kastration ersetzt keine Erziehung!

Auswirkung auf die Entwicklung

Hormone haben Auswirkungen auf die Entwicklung des Gehirns. Wenn pubertierende Hunde Kommandos von einem Tag auf den anderen nicht mehr ausführen, kann dies tatsächlich physische Ursachen haben, da in dieser Phase Nerven neu verknüpft werden. Keine gute Idee also, während dieses Entwicklungsabschnitts den Hund zu kastrieren. Denn dann erhält man in der Regel genau das, was man mit einer Kastration verhindern bzw. ändern wollte – einen infantilen und wirren Hund.

Darüber hinaus haben Hormone auch Einfluss auf die Verarbeitung von Stress, das Sozialverhalten, auf das Knochenwachstum und das Herz-Kreislauf-System.

Fälschlicherweise wird davon ausgegangen, dass man durch eine Kastration des Rüden dessen aggressives Verhalten abstellen könnte. Begründet wird dies damit, dass das Hormon Testosteron, was hauptsächlich in den Hoden produziert wird, grundlegend für Aggression verantwortlich ist. Viele Hunde reagieren jedoch durch Aktivierung des Stresshormons Cortisol aggressiv. Testosteron hingegen wirkt hemmend auf die Ausschüttung des Cortisols aus der Nebennierenrinde. Kastriert man solch einen Hund, entfällt die Wirkung des Testosterons auf die Nebennierenrinde, Cortisol wird uneingeschränkt ausgeschüttet und das Verhalten kann sich verschlimmern.

Schutz vor Tumorerkrankungen?

Wer seine Hündin kastrieren lassen möchte, um Gesäugetumore zu verhindern, sollte sich dahingehend (noch einmal) belesen, wie hoch das Risiko für diese Art von Tumor überhaupt ist und wieviel geringer bei entsprechender Entfernung der Gebärmutter. Andere Faktoren wie Körpergewicht, eine zu proteinhaltige Kost oder auch die hormonelle Unterdrückung der Läufigkeit scheinen dahingehend wesentlich mehr Einfluss zu haben. Niemand würde auf die Idee kommen, sein Kind zu kastrieren, weder mit der Hoffnung, es dann einfacher erziehen zu können noch aufgrund der Angst vor irgendwelchen möglichen Erkrankungen. Lassen wir unseren Hunden doch ebenfalls die Möglichkeit, erwachsen zu werden und auch dann intakt und somit gesund weiterzuleben.

TOXINE UND SCHADSTOFFE

Unsere Hunde sind, wie wir Menschen leider auch, jeden Tag einer Vielzahl an Belastungen durch schädigende Stoffe und Strahlung ausgesetzt. Die Belastung der Hunde übersteigt unsere allerdings oftmals noch. Versuchen wir – ihnen, aber auch uns und unserer Gesundheit zuliebe – diese so gering wie möglich zu halten.
Strahlung von WLAN und Smartphone umgibt uns inzwischen überall und ein Schutz davor scheint unmöglich, wenn man am normalen Leben teilhaben möchte. Versuchen sollten wir aber dennoch, sie zu minimieren. Eine Möglichkeit wäre z. B. nachts den Router auszuschalten, das Smartphone, den Radiowecker und den Fernseher aus dem Schlafzimmer zu verbannen und tagsüber möglichst nicht ungenutzt in den Räumen liegen zu lassen, in denen wir und unsere Hunde sich aufhalten.

Giftstoffe an Straßen und auf Feldern

Giftstoffe können unsere Hunde vor allem draußen aufnehmen. Verhindern wir regelmäßige Spaziergänge an stark befahrenen Straßen, sowohl innerstädtisch, als auch auf dem Land. Ich werde wohl nie verstehen, warum man mit seinem Hund direkt neben der Landstraße oder an der Autobahn spazieren gehen muss. Neben der Lärmbelästigung sind die langfristigen Auswirkungen von Abgasen und Feinstaub meiner Meinung nach nicht zu unterschätzen.
Auch auf den Feldern sind unsere Hunde mehr als wir toxisch wirkenden Stoffen wie Pestiziden oder auch Düngemitteln ausgesetzt. Selbst etwas eigentlich so Natürliches wie Gülle kann für Hunde, wenn sie damit in Berührung kommen, eine Vergiftung bis hin zum Tod nach sich ziehen. Auch wenn sich der beißende Geruch der Gülle verzogen hat, kann sich das dafür verantwortliche Bakterium noch am Boden befinden.
Lassen wir unsere Hunde also nicht am Feldrand grasen und am besten nie, vor allem aber nicht, wenn Fahrspuren von Traktoren deutlich im Acker erkennbar sind, durch die Bepflanzung gehen. Sollte es doch einmal vorkommen, waschen Sie Ihren Hund danach mit klarem Wasser gründlich ab. Gleiches würde ich vornehmen, wenn im Winter Streumittel verwendet werden. Salz an sich ist schon belastend für die Hundefüße. Viele Streumittel enthalten zusätzlich Chemikalien, um ein schnelleres Auftauen zu ermöglichen.
Achten Sie bei der Verwendung von Wasch- und Putzmitteln darauf, dass diese keine schädigenden Stoffe enthalten. Hunde kommen, wenn sich Rückstände auf Textilien oder auf dem Boden befinden, indirekt mit ihnen in Kontakt, wenn sie sich Haare oder Pfoten belecken.
Passivrauch enthält mehr als 4 000 Substanzen, darunter Giftstoffe wie Blausäure und Ammoniak. Für über siebzig Substanzen ist erwiesen, dass sie krebserregend sind oder im Verdacht stehen, Krebserkrankungen zu verursachen. Einzelne Bestandteile des Passivrauchs verbleiben lange in der Luft, lagern sich auf Wänden, Böden und Gegenständen ab und werden wieder in die Raumluft abgegeben, sodass auch in Räumen, in denen aktuell nicht geraucht wird, ein Gesundheitsrisiko besteht. Tun Sie Ihrem Hund also den Gefallen und rauchen Sie nicht in geschlossenen Räumen.

Hund am Arbeitsplatz

Wenn der Hund seinen Menschen nahezu den ganzen Tag an seiner Seite hat, ist dies eine wunderschöne Lebenssituation. Immer häufiger wird es von Arbeitgebern gestattet, den Hund mit zur Arbeit bringen zu dürfen. Sollten Sie jedoch in einem Betreib arbeiten, in dem Chemikalien verwendet werden, überlegen Sie genau, wo sich Ihr Hund während der Arbeitszeit aufhalten soll. Gerade in Betrieben wie Karosseriebau, Waschstraßen, Schreinereien, aber auch Parfümerien und Friseursalons, um nur einige Beispiele zu nennen, ist die Geruchsbelästigung für den Hund extrem. Hier sollte er nach Möglichkeit auf jeden Fall außerhalb der eigentlichen Werkstatt bzw. Geschäftsräume untergebracht werden.

Schadstoffe im Hundefutter

Auch beim Essen kann der Hund Stoffe aufnehmen, die sich negativ auf seine Gesundheit auswirken können. Viele Hundefutter enthalten synthetische Zusatzstoffe, die auf unterschiedliche Systeme im Körper wirken können. Allen voran, da direkt beteiligt, das Magen-Darm-System, aber auch Immun- und Hormonsystem können von Zusatzstoffen in Mitleidenschaft gezogen werden. Synthetische Zusatzstoffe können neben Konservierung-, Farb- und Duftstoffen auch Vitamine, Mineralien und Spurenelemente sein, die im Labor hergestellt und dem Futter beigemischt werden, um Bedarfswerte zu decken. Fertigfutter ist für Ihren Hund nicht gesünder, als Fertiggerichte für Sie.

An frisch gespritzten oder gedüngten Feldern sollte man besser nicht laufen.

Kind und Hund
werden oft
ein tolles Gespann.

KIND UND HUND

Wenn ein Kind die Chance hat, mit einem Hund aufzuwachsen, stellt dies eine unheimliche Bereicherung für sein Leben dar und es wird davon nur profitieren können.
Kinder sind in ihrer Kommunikation oft noch sehr viel klarer als wir Erwachsene, weshalb das Zusammenleben mit Hund sich meist unproblematisch gestaltet. Immer wieder erlebe ich Familien, in denen der Hund am besten folgt, wenn das Kind ihm etwas sagt. Da sind wir allerdings schon beim springenden Punkt. Kinder dürfen Hunden selbstverständlich Kommandos geben und für viele gibt es nichts Schöneres, als mit dem Hund zu arbeiten und ihm Tricks beizubringen. Uns sollte aber bewusst sein, dass kein Hund für ein Kind ein Kommando ausführen muss. Es ist als Nettigkeit zu betrachten und wenn er dafür ein Leckerchen bekommt, wird er dies im Normalfall auch gerne tun. Entscheidet der Hund sich aber gegen die Ausführung des Kommandos und das Kind versucht, den Hund körperlich zu korrigieren, sollte man einschreiten. Sonst kann es u. U. passieren, dass der Hund in seiner Aussage entsprechend nachdrücklich wird und sich eventuell sogar körperlich zur Wehr setzt. Denn in aller Regel befindet sich der Hund schon im Erwachsenenalter, während das Kind eben Kind ist. Und nur weil das Kind ein Mensch ist, muss der Hund es nicht als Respektsperson akzeptieren.

Ruhephasen akzeptieren

Wohnen Kind und Hund unter einem Dach, sollte man dem Kind beibringen, die Ruhephasen des Hundes zu akzeptieren. Man kann entweder als Hausregel festlegen, dass der Hund, sobald er irgendwo liegt, nicht gestört wird oder man macht dies an einem explizit für den Hund ausgewiesenen Platz fest. Auch wenn wir es nicht gerne hören, so darf ein Hund einem Kind mitteilen, dass er jetzt seine Ruhe haben möchte. Nicht selten wird der Hund dann gemaßregelt, wenn er sich herausnimmt, das Kind anzuknurren. Seien Sie froh, wenn er dies tut. Es gehört zur natürlichen Kommunikation des Hundes. Vermutlich hat er davor schon andere, weniger offensichtliche Anzeichen geäußert, die nicht erkannt wurden. Untersagen Sie ihm zu knurren, wird er im schlechtesten Fall auf Sie hören und zukünftig nicht mehr knurren, also diese Stufe auf der Eskalationsleiter überspringen und zur nächsten Stufe übergehen, indem er Zähne zeigt oder sogar schnappt. Werden Warnsignale, zu denen das Knurren zählt, abtrainiert, ändert dies ja nichts an den Emotionen, die der Hund in diesem Moment erfährt. Folglich ist die bessere und zielführende Variante, dem Kind zu erklären, wann der Hund seine Ruhe haben sollte und wie es zu reagieren hat, wenn der Hund Warnsignale gibt.

UNTERWEGS IN BEGLEITUNG EINES ERWACHSENEN

Niemals würde ich ein Kind allein mit einem Hund spazieren gehen lassen. Ich hegte als junges Mädchen selbst diesen Wunsch. Zu gerne hätte ich den Beagle aus der Nachbarschaft ausgeführt, was mir aber damals von dessen Besitzern nicht gestattet wurde. Ich durfte ihn regelmäßig besuchen und auch gemeinsam mit ihnen spazieren gehen, aber eben nicht allein. Auch wenn Kind und Hund gut harmonieren und ein Spaziergang an sich mit gutem Gewissen möglich wäre, möchte ich keinem Kind die Verantwortung übertragen, andere Hunde davon abzuhalten, den eigenen Hund zu inspizieren. Um Hunde nachhaltig zu beeindrucken, braucht es schon ein entsprechend selbstsicheres Auftreten und im Fall der Fälle auch Einsatzbereitschaft und Körperkraft, um den Hund fernzuhalten.

BEGRÜSSEN UND VERABSCHIEDEN

Ich behandle meine Hunde nicht anders als andere Mitmenschen. So ist es für mich auch selbstverständlich, dass ich meine Hunde begrüße, wenn ich nach Hause komme. Gioschi kommt mir immer aufgeregt entgegengerannt, während Schniepi wesentlich ruhiger agiert und Gioschi den Vortritt lässt. Wie lieblos wäre es, wenn ich die beiden einfach stehen lassen würde, um

Die Mädels haben immer Zugriff auf ihr Spielzeug.

erst einmal meinen Partner zu begrüßen, der sich wohlgemerkt nicht die Mühe gemacht hat, mich an der Haustür zu empfangen. Ich begrüße meine Mädels verbal mit *„Hallo Mädels!“* und streichle sie auch beide kurz.

Wenn ich das Haus verlasse und sie stehen gemeinsam mit mir im Flur, verabschiede ich mich: *„Tschüss Mädels, bis später“!* Wenn sie gerade irgendwo liegen und ruhen, gehe ich zu ihnen und erzähle ihnen, was ich tue: *„Ich geh jetzt arbeiten und komme dann wieder!“* Ob sie es verstehen, kann ich nicht sagen, aber es gibt mir und ich glaube auch ihnen ein gutes Gefühl, wenn ich nicht einfach sang- und klanglos das Haus verlasse. Denken Sie daran, möglichst früh damit zu beginnen, Ihren Hund auch mal allein zu lassen, damit Ihr Liebling keinen unnötigen Stress erlebt, wenn es tatsächlich notwendig ist. Wenn Plan D gewählt werden muss, weil unvorhergesehen Plan A, B und C nicht funktionieren.

GEMEINSAM KUSCHELN

Sowohl schmusen als auch spielen fördert die Bindung von Individuen. Dabei sollte beim Schmusen aber auch tatsächlich geschmust werden und beim Spielen auch wirklich gespielt. Den Hund intensiv zu streicheln und dabei mit ihm zu sprechen, fördert die Ausschüttung des Bindungshormons Oxytocin. Es ist in der Lage, Angst, Stress, Schmerzen und Aggressionen zu verringern und dies nicht nur beim Hund, sondern auch bei uns Menschen. Ein Wundermittel sozusagen und somit ist eine Schmuseeinheit mit seinem Hund nach einem stressigen Tag das beste Mittel, um wieder zu entspannen.

Nicht zu ersetzen, so sehr wir uns als Menschen auch bemühen, ist innerartliches Schmusen. Dafür fehlt uns einfach die Fingerfertigkeit, die ein Hundegebiss hergibt. Vor diesem Hintergrund sollte jeder Hund die Möglichkeit haben, auch eine innige Freundschaft zu mindestens einem Artgenossen zu pflegen.

GEMEINSAM SPIELEN

Auch was das Spielverhalten anbelangt, ist dieses innerartlich vielfältiger, als wenn wir mit unserem Hund spielen. Niemandem gelingt es, seinem Hund beim Rennspiel ein ebenbürtiger Spielpartner zu sein und auch beim Rangeln kann man je nach Körpergewicht und -größe des Hundes körperlich an seine Grenzen kommen, während der Hund noch gar nicht richtig angefangen hat und aus Rücksicht auf uns Menschlein auch nicht richtig anfangen wird. Nichtsdestotrotz sollten wir mit unserem Hund spielen und dabei auch gänzlich unsere Position im Sozialgefüge außer Acht lassen. Auch der Hund darf Spieleinheiten gewinnen und darf auch mitteilen, dass er keine Lust mehr hat.

Im Spiel mit unserem Hund sollten wir heiter und lebhaft sein und dies nicht „nur" vorspielen. Hunde haben zum einen sehr feine Antennen, was unsere Stimmungslage betrifft, und zum anderen ist es ihnen nur möglich, in einem entspannten und ruhigen Umfeld zu spielen. Hat man sich gerade noch echauffiert, weil das Pubertier mal wieder über die Stränge geschlagen hat, macht es keinen Sinn, ein Spiel zu inszenieren. Dann vertagt man es lieber und spielt zu einem späteren Zeitpunkt.

Spielen wir mit unserem Hund, ist für Anordnungen nicht die richtige Zeit. Intuitiv können wir unseren Hund natürlich ansprechen und auch anfeuern. So wird das Spiel lebendig.

Ich halte es zudem für sinnvoll, dem Hund Spielzeug zur freien Verfügung zu überlassen. Es sei denn, er macht alles sofort kaputt oder frisst es gar auf. Hat der Hund die Möglichkeit, auf sein Spielzeug frei zuzugreifen, kann er sich auch einmal mit sich selbst beschäftigen und muss somit nicht immer an uns herantreten, um zu fragen, ob wir Zeit für ihn haben.

BALLSPIELE

Vermeintliche Spiele wie Ballspiele, bei denen der Hund sitzen muss, bis man ihn freigibt, beinhalten keine soziale Interaktion, sondern sollen der Impulskontrolle dienen. Der Hund wird dadurch allerdings, aufgrund der Dopaminausschüttung, schnell zum berauschten Balljunkie und wir sind für ihn nur noch der Ballwerfer.

CLICKER UND MARKER

Meine Hunde sind Familienmitglieder und keine Automaten, weshalb ich sie auch nicht so behandle. Auch wenn es Mode zu sein scheint, Hunde nur noch mit Markern, zu denen auch der Clicker zählt, zu lenken bzw. zu loben, bin ich kein Freund dieser Art von Kommunikation. Auch in Bezug auf meine Person wirkt es mir einfach zu leblos. Unser Wortschatz und unsere Emotionen sind so vielfältig, warum sollte ich in der Kommunikation mit meinem Hund darauf verzichten? Meine Stimme habe ich immer dabei. Ich muss nicht darauf achten, dass ich sie daheim vergesse. Zudem legt für mich die Verwendung eines einzigen Markerwortes nur einmal mehr dar, wie sehr der Hund als Kommunikations- und Sozialpartner unterschätzt wird.

SERVICE

Dank

Ich danke meinen Eltern von Herzen dafür, dass sie mich immer meinen Weg haben wählen und gehen lassen.

Vielen Dank an den Kosmos-Verlag für das Herantreten an mich, ein Buch zu veröffentlichen. Vor allem Ute Schmalfuß und Hilke Heinemann danke ich sehr für die konstruktive Zusammenarbeit.

Ich danke allen, die sich bereit erklärt haben, die ein oder andere Passage Probe zu lesen und mich darin bestärkt haben, dass dieses Buch erscheinen soll, dass sein Inhalt wertvoll genug ist, um Menschen im Zusammenleben mit ihrem Hund eine Hilfestellung zu sein.

Vielen Dank an meine zwei- und vierbeinigen Fotomodelle. Durch Euch wird das Buch erst lebendig. Und natürlich an Anna Auerbach für den immer richtigen Moment zum Auslösen.

Ich danke Thorsten Fauser, der mich einiges hat lernen lassen, insbesondere über mich selbst und mein Sein, über Beziehungen, Sozialgeschehen, Liebe, Abhängigkeiten und Manipulation. Ich danke ihm vor allem für den Zuspruch, dass ich in der Lage sein werde, anderen Menschen dabei zu helfen, in einem harmonischen Miteinander mit ihrem Hund zu leben. Ohne ihn wäre ich diesen Weg nicht gegangen.

Danke, Oliver, für alles.

Register

ALLES RUND UM DEINEN HUND
Entdecke unser einzigartiges Angebot: Bücher, Webinare, Videos ... Hier findest du kompetente Tipps und wertvolle Ratschläge. Für noch mehr Harmonie zwischen dir und deinem Hund.
KOSMOS-HUND.DE
Melde dich jetzt für unseren KOSMOS-Hunde-Newsletter an und wir schenken dir einen 5€-Gutschein für unsere Webinare.
5€ RABATT SICHERN!

BILDNACHWEIS

177 Farbfotos wurden von Anna Auerbach/Kosmos für dieses Buch aufgenommen. Weitere Farbfotos von Sonja Pfaff (1: S. 39, Nr. 2), Sandra Reister (1: S. 69) und Sylvia Schmidt (1: S. 72).

IMPRESSUM

Umschlaggestaltung von Gramisci Editorialdesign/Stefanie Wawer unter Verwendung eines Farbfotos von Trio Bildarchiv/Nadine Priester (Umschlagvorderseite) und 8 Farbfotos von Anna Auerbach/Kosmos.

Mit 197 Farbfotos

Gedruckt auf chlorfrei gebleichtem Papier

ISBN 978-3-440-16918-6
Redaktion: Hilke Heinemann
Gestaltungskonzept: Gramisci Editorialdesign, Cornelia Sekulin, München
Gestaltung und Satz: Atelier Krohmer, Dettingen/Erms
Produktion: Angela List
Druck und Bindung: Westermann Druck Zwickau GmbH, Zwickau
Printed in Germany / Imprimé en Allemagne

FSC
www.fsc.org
MIX
Papier | Fördert gute Waldnutzung
FSC® C110508